NF文庫
ノンフィクション

知られざる世界の海難事件

大内建二

潮書房光人新社

はじめに

海難事件といえば、人々がまず思い浮かべるのはタイタニックの遭難であろう。この出来事は様々な面から興味が注がれる事件であるが、多くの人にとって「海難」という言葉への反応は、未知への好奇心であり探求心である。しかし実際の海難とは、当事者ばかりではなく、各方面の関係者や機関に対して大きな衝撃や悲劇を、そして負担を強いるものなのである。

大航海時代以後の船の発達は航海術を大きく発達させたが、一方では海難事故の増加を招くことになった。わが国では鎌倉時代頃から沿岸を航行する小規模な物資輸送の海運業がみられ、江戸時代にはより大きな船を建造し日本沿岸に限られた商業的な航海が盛んになったが、そこで使われた船は大海原を航海するにはいささか非力な船ばかりであった。当然ながら航海術も未熟で、いわゆる難破と呼ばれる海難が起きていた。

しかし残念ながら、これら難破に関する記録はほとんど残されていないのが実情である。したがって江戸時代の海難について、その実態を知る機会は極めて少ないのである。日本では明治時代から海難事件の記録は始まったともいえる。現在にいたるまで日本で起きた大規模なものといえば、一九五四年（昭和二十九年）九月の青函連絡船「洞爺丸」の転覆事故である。犠牲者一一五五名という悲劇的な海難事件であったが、いまではすでに忘れ去られたものとなってしまった。

太平洋戦争の終結から数年間に、日本沿岸では数多くの海難事故が発生した。これらの事故はほとんどすべてが安全を怠った弛緩した状況の中で起きている。

本書では日本国内で起きた事件については、文明開化に始まる明治から太平洋戦争後までない、あまり世の中に知られずに起きた海難を多く集めている。これらについては詳細が不明なものが多く、詳しい背景を解説することができないのがもどかしいのであるが、一つの悲劇の記録としてお読みいただきたい。

世界で起きた事件について目を向けると、大航海時代の始まりである十五世紀頃からすでに様々な事件が記録されているが、これらについても詳細が不明なものがほとんどである。しかし船が発達した十九世紀頃からの事件については多くの記録が残されている。その原因は様々であるが、多くは帆船という特殊な構造の船に起因するもの、あるいは未熟な航海術が原因であり、また長期間の航海から発生する乗組員の反乱なども原因となっているのである。

世界の海難事件はタイタニックがその頂点のように思われがちであるが、この出来事をはるかに上まわる人的被害をもたらした事件、またより複雑な原因によるものが数多く発生している。タイタニック遭難の二年後に起きた大型客船エンプレス・オブ・アイルランドの沈没は、タイタニックに匹敵する犠牲者が生じた大惨事であるが、なぜか世界的にも、ましてや日本ではほとんどその名前さえ知られていないのである。本書では「世界の知られざる海難事件」の代表的なものとして、この状況も紹介してあるので、ぜひ記憶にとどめていただきたい。

世界の海難事件については、一般には知られていない、あるいはすでに忘れ去られた出来事が数多存在する。本書ではそれらの幾つかについて、主として一般商船の海難事件について紹介した。ご一読いただければ幸いである。

知られざる世界の海難事件——目次

第2章　海外で起きた海難事件

知られざる世界の海難事件

第1章

日本沿岸で起きた海難事件

1　貨客船ノルマントンの沈没
幕末の不平等条約がもたらした不法な結論

一八八六年（明治十九年）十月二十四日、イギリスのマダムソン・ベル汽船会社が運航する貨客船ノルマントン（NORMANTON）が、紀伊半島南端で荒天のための視界不良から沿岸の岩場に座礁し沈没した。これだけではこの頃のわが国の沿岸ではしばしば起きる事故であるが、事態は思わぬ展開を見せたのであった。世にいうところの「ノルマントン号事件」である。

紀伊半島は横浜から阪神方面に向かう船にとって、当時は難所の一つであった。一般的に航行する船舶は海岸に接近し過ぎて座礁するのを防ぐために、半島南端に突き出した潮岬を大きく迂回した航路を進んだ。しかし航海術や航路施設が未発達であった明治初期には、船は夜間や荒天で視界不良の場合には航路上の位置の確認が不可能になり、岬付近の岩礁に座礁する事例が多発したのである。一八九〇年のトルコ軍艦エルトゥールルの有名な遭難事件も現場はこの潮岬で、陸に接近したための座礁であった。

ノルマントンとはどのような船だったのであろうか。ノルマントンの詳細については不明な点が多い。その規模についても排水量二四〇トンから一五三三トンと隔たりがあるが、いずれにしても蒸気機関（往復動のレシプロ機関）を装備した帆船であった。本船はイギリスと日本との間の貿易船だったのである。一八八六年当時の外洋航海ではまだ多くが帆船だったが、蒸気機関を搭載した船もしだいに数を増していた頃だった。

事故は荒天の熊野灘を航行中のノルマントンが、暗夜に針路をまちがえて紀伊半島の先端付近にある樫野埼の岩礁に衝突したのであった。本船は横浜を出港後四日市に寄港し、つぎの寄港地の神戸に向かって半島先端の潮岬を迂回する航路を航行中であった。しかし荒天で視界不良の中、岬の岩礁地帯に接近し過ぎ、岩礁に衝突し、船体は破壊されて沈み始めたのである。

このとき本船にはイギリス人船長のジョン・W・ドレーク以下三九名の乗組員、他に日本人船客二五名が乗船していた。乗組員の航海士や機関士などの高級船員はイギリス人とドイツ人で占められていたが、一般乗組員の多くはインド人や中国人であった。

ノルマントンが沈み始めると、船長は救命艇の降下を命じ乗組員たちを乗艇させたが、救命艇が海岸にたどり着いたときには余裕のある救命艇には乗客（日本人）の姿は一人もなかったのである。これだけでは単なる悲劇的な海難事件として片づけられるところであるが、本来なら乗組員よりも優先的に救助すべき乗客が一人も救命艇に乗っていないこと、それも二五名にもおよぶ日本人が一人も乗っていなかったことに日本側は大きな疑惑を抱いたので

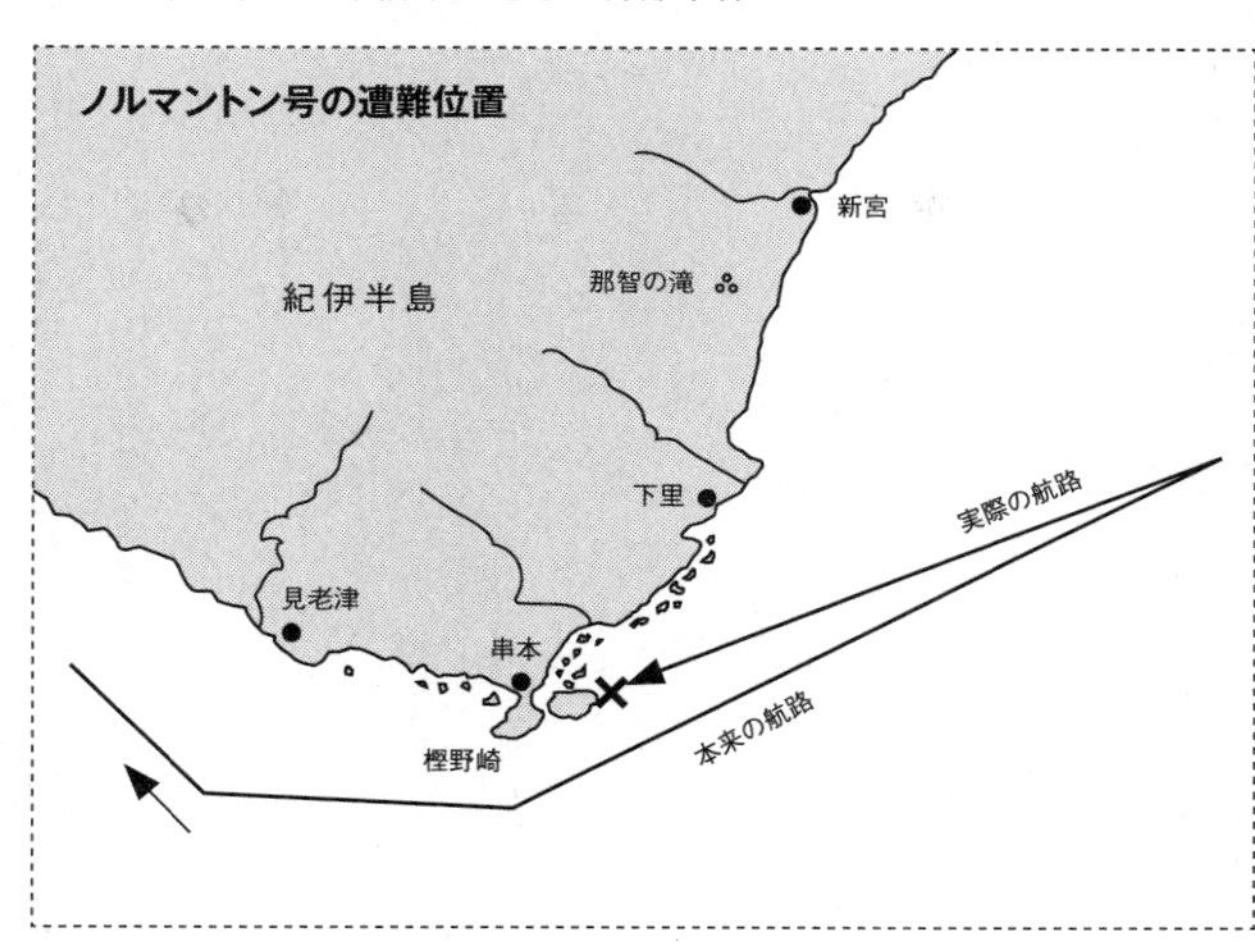

ある。

この事態は新聞を通じて全国に知られることになったが、これに対する日本国民の反応は激烈であった。「何故に優先すべき乗客の救助を行なわず見殺しにしたのか」「西欧人の日本人蔑視が招いた悲劇」などと日本中が騒然となったのである。

これに対する船長をはじめとする船側の答えは、「日本人は英語がわからず、避難をすすめても応じなかった。そのためやむを得ず乗組員だけが退避した」とするものであった。

この回答は日本側の反応に火に油を注ぐものとなったのであった。事態を重視したイギリスは、神戸駐在のイギリス領事を中心とした一種の海難審判を開廷したのである。しかし審判の判決は「船長以下全員無罪」であった。

こうした顛末は、江戸末期に締結された諸外国間の通商条約が、日本の立場を明確に示していない不平等条約であることに起因していたのである。この事件は以後「ノルマントン号事件」として、日本と諸外国との条約改定の口火となったのであった。

２ 貨客船ニールの遭難

貴重な文化財は伊豆沖の藻屑と化して

ニール（ＬＥ ＮＩＬ）はフランスのメッサジェリ・マリティム社が一八六四年に建造した排水量一七一四トンの貨客船である。本船は全長九〇メートル（バウスプリットを含む）の鉄製（鍛造鉄）の船体で、基本船体は三本マストのバーク型帆船（船首側の二本が横帆装備、船尾側の三本目が縦帆装備）で二衝程レシプロ機関を装備していた。

ニールは一八七三年（明治六年）九月にフランスのマルセイユを出港し、スエズ運河経由で日本に向かった。本船には日本に送り届ける極めて重要な品物が積み込まれていたのである。

同年五月から十一月にかけてオーストリアのウィーンで世界万国博覧会が開催されたが、この博覧会に日本からは第一級の重要文化財に相当する各種の工芸品類が展示品として送られていた。その中には源頼朝佩用の日本刀や北条政子愛用の手箱といった名だたる工芸品、さらには貴重な浮世絵や漆器、陶磁器類などの多くの重要文化財・国宝級の品々が含まれていたのである。

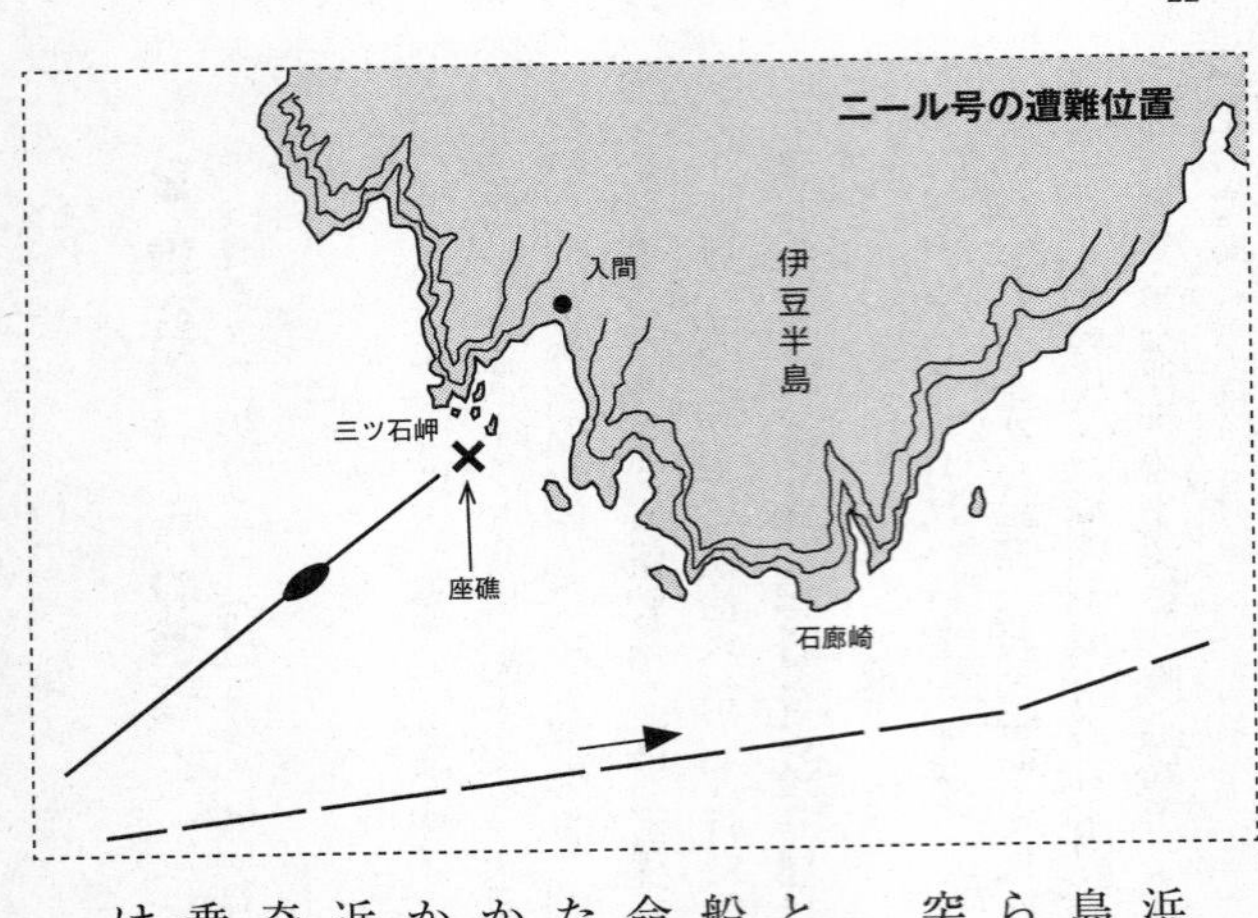

ニールは一八七四年三月十日に香港を出港し横浜に向かった。しかし三月二十日の未明、伊豆半島の南端近くの入間沖にさしかかったとき、折からの暴風雨により視界を失い針路を誤り岩礁に激突、船体はたちまち沈没したのであった。

このときニールには六〇人のフランス人乗組員と二二人の中国人乗組員、そして八名の乗客が乗船していた。彼らは船長の命令の下にただちに救命艇を降ろし脱出を図ったという。しかし激浪のために救命艇に乗っていた大半の者は波に呑まれ、かろうじて付近の海岸に漂着した救命艇にはわずか三名しか残っていなかったのであった。そして近くの海岸で救命艇から海に投げ出された一名が奇跡的に生存して打ち上げられていた。生存者は乗船者九〇名のうち四名のフランス人と中国人だけであった。

本船には日本人乗客として博覧会に出席した西

陣織の職人一名が乗船していたが、彼も命を失ったのである。付近の海岸にはニール号の乗船者三一名が遺体となって打ち上げられたが、彼ら遭難者の慰霊塔がその後現地の海岸に建立されている。

本船は夜間の視界不良の中、かなり海岸に接近して航行していたようで、後の調査でニールの船体が発見されたとき、水深わずか三九メートルの地点に沈んでいたことが判明したのである。

ニールの沈没から一三〇年後の二〇〇四年（平成十六年）に、東海大学などの研究機関を中心に「ニール号調査学術調査団」が結成され、二〇一九年までの間に継続的な水中探査が行なわれた。その主な目的はニールの船体調査と積み荷の重要文化財相当の品々の回収であった。鉄製のニールの船体はほとんど朽ち果て、錨などの装備品の一部が回収されている。搭載品の重要文化財類は陶磁器などの一部は発見されたが、漆器や絵画類は消滅していた。このとき回収された品々は上野の国立博物館に収蔵されている。

3 帆装練習船「月島丸」「霧島丸」

若人たちは七つの海を制覇する夢を抱きつつ

明治の世を迎えると日本政府は本格的な外洋航行が可能な船舶の建造とその整備を促進させた。しかし当初の日本には大型船、それも鉄や鋼鉄の船を建造する術を持たず、大型商船や艦艇の建造はすべてイギリスやフランスなど海外に依存していた。やがて一八八〇年代後半（明治二十年代）頃から国内でも鋼鉄製の船の建造が始まった。そして一八九八年（明治三十一年）には総トン数六二〇〇トンの貨客船「常陸丸」（初代）を完成させたのである。

日本の船舶建造の黎明期にはすでに将来の乗組員を養成すべく、一二の海員養成所（後の一一校の県立商船学校、一校の国立商船学校）が設立されていた。将来の幹部級船員や一般船員の教育が開始されたのである。

これら海員養成学校（後の商船学校）ではそれぞれ訓練用の練習船を準備していたが、そのすべてが二〇〇～三〇〇総トン程度の小型帆船（一部機関装備）であり、本格的な外洋での航海訓練は不可能な状況にあった。その中で最初に大型練習船を建造したのが東京商船学校（旧制高等学校相当）であった。

建造された船は総トン数一五一九トン、全長七一メートル、全幅一一メートルの三本マストのバーク型帆船で、最大出力三〇三馬力のレシプロ機関を搭載し、機走も可能であった。帆装訓練とともに機走訓練も可能にしたのである。建造は当時日本で最も優れた船舶建造技術を有していた三菱長崎造船所で、完成は一八九八年、船名は「月島丸」であった。学校の所在地が東京の隅田川河口にある月島（越中島）に起因する船名である。

一一校あった商船学校（旧制中学校相当）で最初に大型練習船を建造したのは鹿児島商船学校であった。一九二〇年（大正九年）に総トン数九九七トンの「霧島丸」が建造された。本船は「月島丸」と異なり四本マストのバーケンティン型帆船である。バーケンティン型は第一マストが横帆式で他のマストの帆はすべて縦帆式の帆船で、少ない乗組員でも帆の操作が可能であることが特徴だった。

練習帆船「月島丸」の遭難

一九〇〇年十一月十三日、練習船「月島丸」は学生七九名と乗組員四三名を乗せて北海道の室蘭港を出港し、静岡県清水港に向かった。しかしその後の消息は絶えたのである。本船には無線装置の搭載はなく、出航後の状況はまったく不明となったのだ。

「月島丸」の捜索はまず民間主体で展開されたが、当時は民間の船舶は小型船が主体で外洋の捜索は不可能であった。予想航路上の三陸沖から房総半島・伊豆半島沖の捜索が行なわれ

月島丸

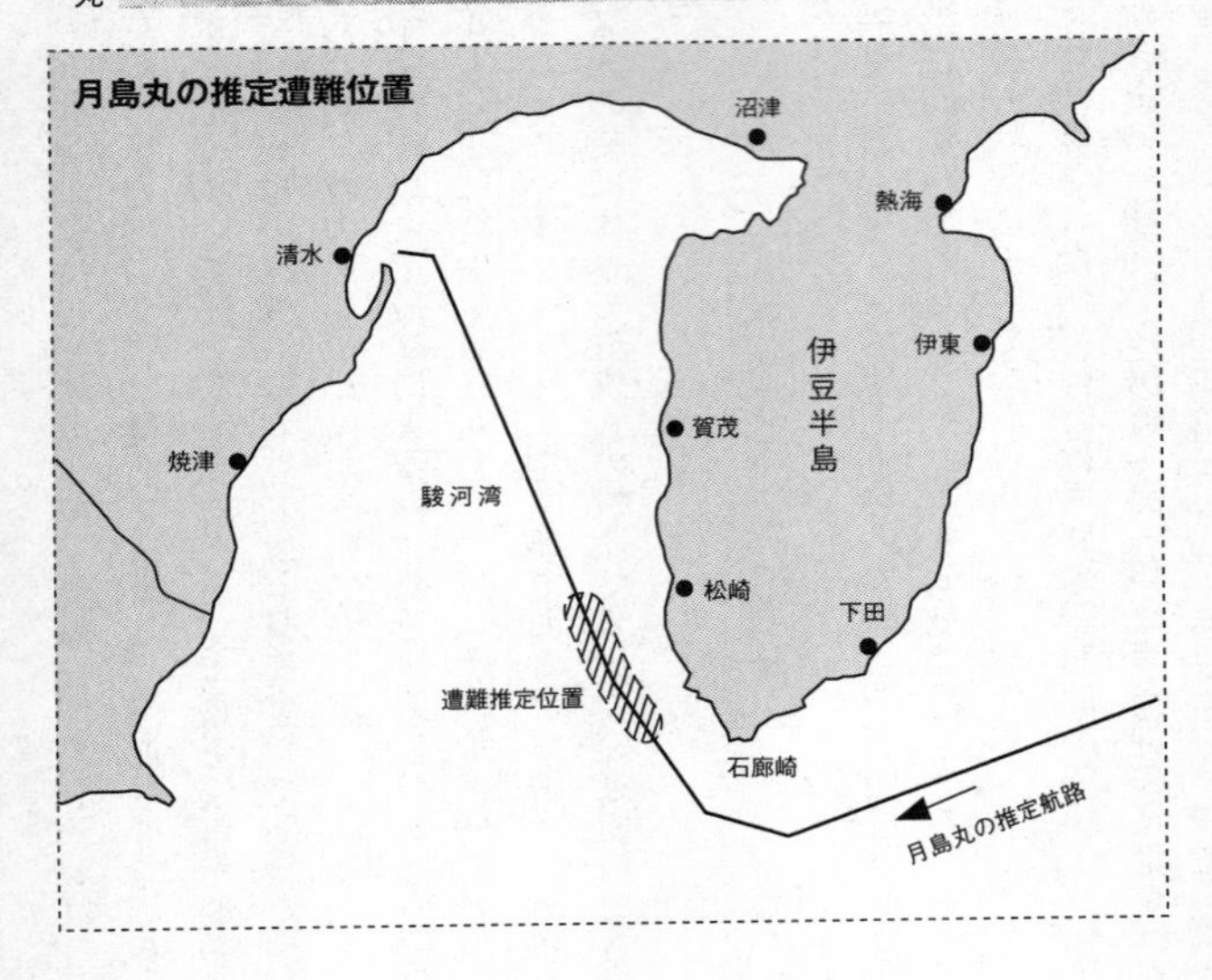
月島丸の推定遭難位置
沼津
熱海
清水
伊東
伊豆半島
賀茂
焼津
駿河湾
松崎
下田
遭難推定位置
石廊崎
月島丸の推定航路

たが、「月島丸」を証明する何らの浮遊物も発見されなかった。その後、伊豆半島の現在の西伊豆町沖で「月島丸」搭載の無人のカッターが漂っているのが発見され、また沼津市の海岸で船長と給仕員の遺体の漂着が確認されたのである。

その結果、「月島丸」は伊豆半島先端付近から駿河湾にかけての海域で折からの荒天のために沈没したものと断定されたのだ。当時は海難救助組織も確立しておらず、その原因の調査や遭難にいたる状況の推定も不確実・不明確のまま取り扱われていたのであった。

「月島丸」を失った東京商船学校は一九〇四年、国家予算により二二二四総トン級の練習船「大成丸」を完成させた。その後一九三〇年（昭和五年）により大型の四本マストのバーク型帆船「日本丸」（初代）と「海王丸」（初代）が文部省航海練習所所管の練習帆船として登場している。

練習帆船「霧島丸」の遭難

「霧島丸」は鹿児島商船学校が所有する総トン数九九七トンの帆船である。本船は練習船として一一校の商船学校の持ち船の中では最大であった。

一九二七年（昭和二年）三月九日早朝、鹿児島商船学校に緊急の無電が入った。

「こちら霧島丸、午前八時の位置・北緯三五度、東経一四二度二〇分（房総半島犬吠埼の東南東一二〇キロの位置）、南の風強く波浪激しく前進困難、犬吠埼に向けて西進する」

霧島丸

「霧島丸」が危険に直面している様子がうかがえた。

当時四国の土佐沖と日本海の能登半島沖に発達した低気圧が存在しているらしいこと、さらにそこから活発な前線が南西に延びているらしいことも当日朝の天気概況からわかっていた。このために本州東方および南方海上は大時化が予想されていたのである。

「霧島丸」はこのとき南洋のマーシャル諸島方面への遠洋訓練航海のために、前日練習生を乗せて東京港を出港した直後であったのだ。本船には船長以下乗組員二三名と学生三〇名の合計五三名が乗船していた。

この緊急無電を確認した鹿児島商船学校の校長は、ただちに「霧島丸」に対して「引き返せ」との返電を送ったのである。

時刻が正午を過ぎたとき、「霧島丸」から第二の無電が入った。

「波浪のために舵を損傷。難航続く。至急救助を乞う」

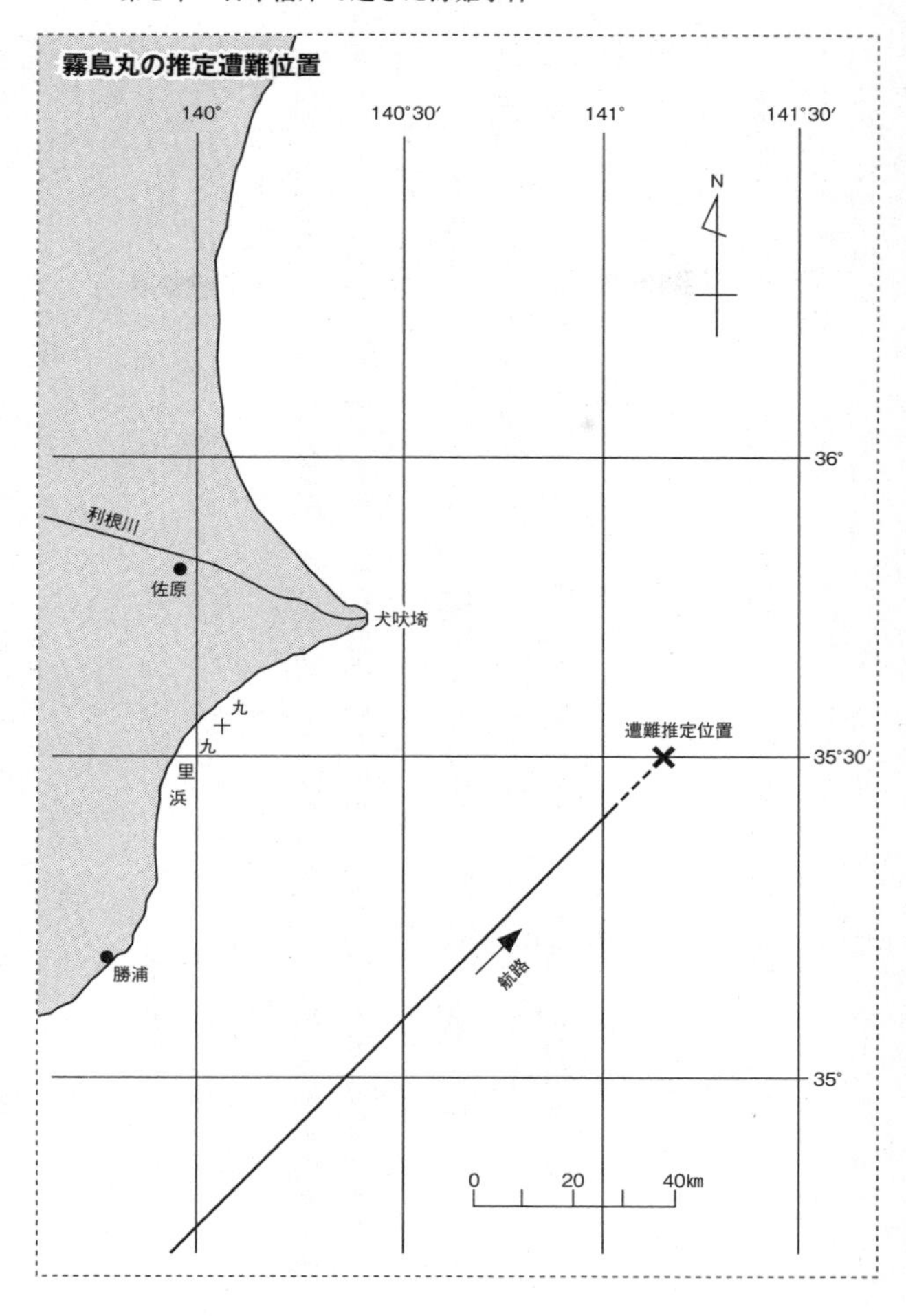
霧島丸の推定遭難位置
140°
140°30′
141°
141°30′
N
36°
35°30′
35°
利根川
佐原
犬吠埼
九
十
九
里
浜
遭難推定位置
勝浦
航路
0
20
40km

その直後、第三の無電が入った。

「沈没の危険。ＳＯＳ」

そして「霧島丸」からの無電は途絶えたのだ。学校からの打電に対する返電もなかった。

鹿児島商船学校はただちに横須賀鎮守府に対し練習船「霧島丸」の遭難を打電、救助の要請を行なったのである。

横須賀鎮守府ではただちに駆逐艦二隻と特務艇一隻を現場海域に送り出し、捜索作業を開始することになった。また霞ケ浦航空隊からは天候が回復すると水上機が派遣され、空からの捜索を開始したのであった。

さらに海軍の捜索に呼応して逓信省所属の灯台巡視船「羅州丸」、東京高等商船学校の大型練習船「大成丸」も派遣された。

当時の日本の海運の統括業務は逓信省の所管になっていた。また高等商船学校や商船学校は海軍と連携があり、両校の生徒は在学中に一定期間の海軍の教練を受ける義務があり、卒業後は海軍の予備士官と予備下士官の資格を持つ規定になっていた。今回の練習船の遭難事件に対して海軍は積極的な姿勢であったのである。

しかし約一ヵ月半の捜索も「霧島丸」に関わる一つの漂流物の発見もなく、四月二十二日に捜索活動は終了した。

この事件が契機となり練習船の大型化の要望が高まり。一九三〇年に総トン数二二七八トンのバーク型大型帆装練習船「日本丸」と「海王丸」が完成、以後の航海訓練はこの二隻と他の二隻の大型練習帆船「大成丸」と「進徳丸」が、高等商船学校や他の商船学校の練習船として活躍することになったのである。

4 瀬戸内の定期客船「屋島丸」

台風の高波を受けて景勝の地須磨で沈没

「屋島丸」は関西汽船社の阪神・別府航路用の小型客船である。本船は特異な経歴を持つ船であった。本船の船体はイギリス海軍が第一次大戦中の一九一五年に建造したフラワー級の護衛艦であったものを大阪商船社が購入し、小型客船に改造したのであった。

ただ本船は吃水の浅い構造であるために、客船に改造する際には安定性を確保するために上部構造物（客室甲板）を既存の客船並みに二層構造にできず、背の低い上甲板一層とした特異な外観となっていた。そのために旅客定員は少なく、一等・二等・三等合わせて二六三名であった。本航路の他の同規模の客船の旅客定員は五〇〇名以上であった。

「屋島丸」は総トン数九四七トン、全長七六メートル、全幅一〇メートル、主機関は護衛艦当時と同じで、最大出力一九〇〇馬力の三衝程レシプロ機関で最高速力は一六ノットを発揮した。

一九三三年（昭和八年）十月二十日の朝、「屋島丸」は四国の高松港を出港し神戸に向かった。そして正午過ぎには明石海峡を抜け大阪湾に入った。

この日から九日前の十月十一日、ミクロネシアのヤップ島の南の海上で熱帯性低気圧が発生していることが観測されていた。この低気圧は十月十九日には沖縄の石垣島付近に接近していたが、このときの観測では中心付近の気圧は九五三ミリバール（ヘクトパスカル）に低下しており、すでに強力な台風に発達していた。またこの日の早朝には台風の影響で四国の徳島では風速一七メートルの強風が吹いていたのだ。

この台風はその後北上を続け、鹿児島県の大隅半島に上陸し瀬戸内海方面に向かっている様子であった。この頃は台風の観測が未熟な時代で、進路予報などは不正確であった。このときの進路予想は、九州を北上し瀬戸内海の西部を通過し山口県に達した後に日本海に抜けるとされていたのである。

「屋島丸」が高松港を出港したのは十月二十日の午前七時五十分であった。この日の午前九時のＮＨＫ大阪放送局の天気予報では、「台風は時速五〇キロで東北東に進んでおり、瀬戸内海西部の海上を航行する船舶は十分な警戒を要す」と注意喚起していた。

「屋島丸」船長は「台風は瀬戸内海西部を通過するのであるから、瀬戸内海東部海域は東風が強まり、迎え波は多少強まるであろうが航行に支障はないであろう」との判断の下に船を出港させたのであった。

ところが「屋島丸」が明石海峡を通過する頃から風波が急に強まり始めたのだ。それも船尾方向からの追い波が強まり出したのであった。大きな追い波は船に対し危険のサインでも

屋島丸

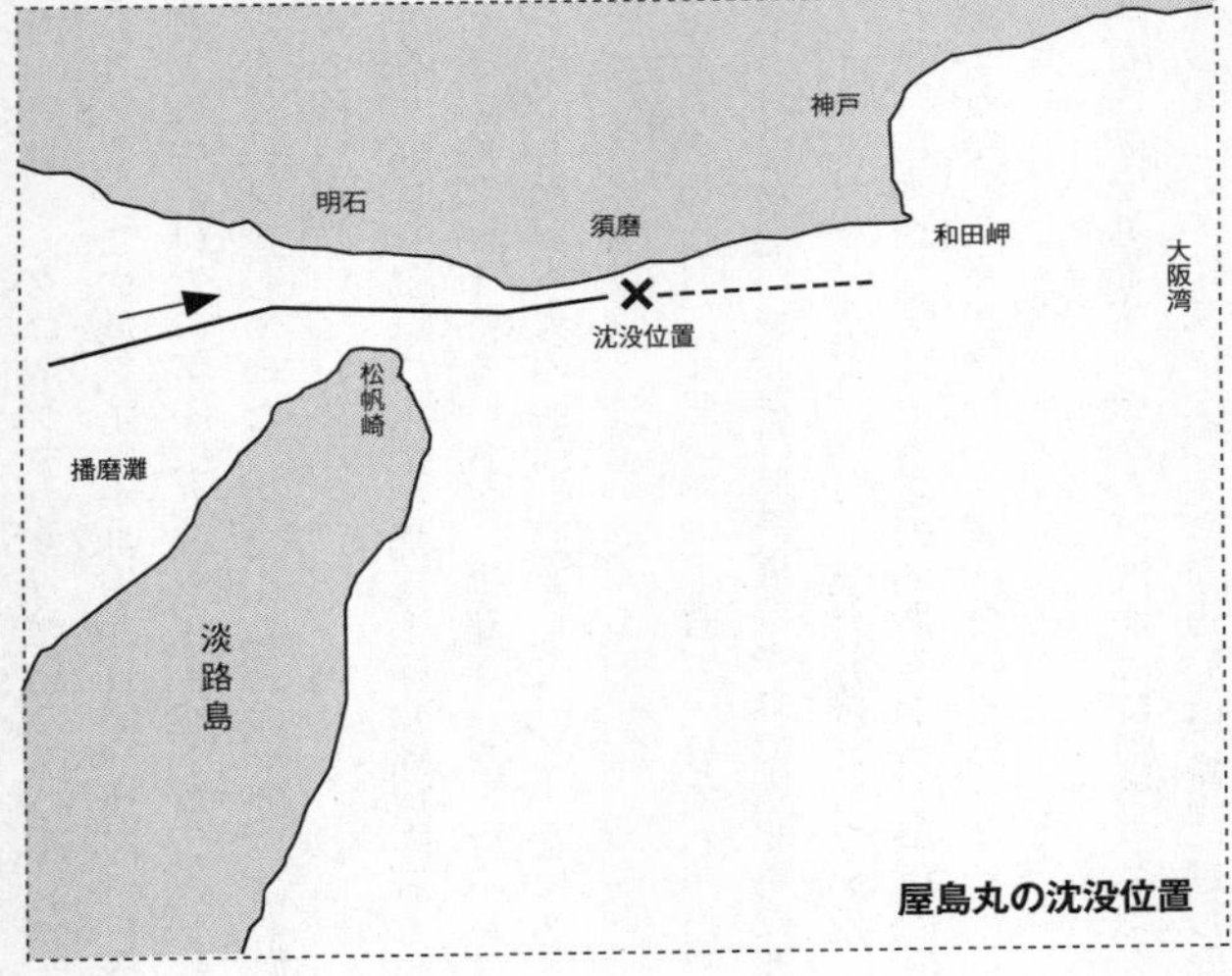

屋島丸の沈没位置

ある。時間の経過とともに追い波は激しさを増し、船尾からの巨大な波は船体後部の甲板に大きく打ち寄せてきた。そして下方の船室や機関室への出入口からなだれうって船内に侵入する事態となったのである。

「屋島丸」には船客と乗組員合わせて一二二名が乗船していた。「屋島丸」の船尾側上甲板の下の三等船室や機関室には猛烈な勢いで海水が流れ込み、船尾からしだいに沈下を始め、ついには沈没したのである。

このとき船長は「屋島丸」の沈没を予期し、可能なかぎり須磨海岸に接近するように船を進めていたのだ。この対処は結果的には幸運であった。「屋島丸」は救命艇を降下させる余裕もなく沈んだのである。沈没にともなう犠牲者は乗客三九名、乗組員二六名の合計六五名に達した。そして残る五七名は至近の須磨海岸に泳ぎ着き、救助されたのである。

5 客船「緑丸」と貨物船「千山丸」

瀬戸内航路の難所備讃瀬戸にて夜間の霧の中で

一九三五年（昭和十年）七月三日未明、瀬戸内海の小豆島沖合で客船「緑丸」が、大連汽船社の貨物船「千山丸」（総トン数二七五〇トン）と衝突し沈没した。犠牲者は死者・行方不明者合わせて一一〇名であった。

「緑丸」は大阪商船社が瀬戸内海の阪神・別府航路用に建造した客船で、三菱造船社の神戸造船所で一九二八年十一月に完成した。総トン数一七二五トン、全長七五メートル、全幅一一・六メートルの本船は、合計最大出力一八〇〇馬力のディーゼル機関二基を搭載し、最高速力は一六・三ノットであった。「緑丸」は完成直後から瀬戸内海航路の花形客船となり、その後の別府航路の盤石の基盤を築いたことで知られていた。旅客定員は一等・二等・三等の合計七二九名で、姉妹船に「菫丸」がある。

昭和十年七月二日の午後九時四十分、「緑丸」は乗客合計一九一名を乗せて神戸港を出港し、別府へ向かった。そして本船は途中で四国の今治に寄港する予定であった。船が小豆島に近づく頃から周辺の海上には霧が立ち込め始めたのだ。そして霧はしだいに濃さを増していった。当時はレーダーはまだなく、航行船舶の多い海域で船が霧中を航行する場合には、自船のおよその位置を相手船に知らせるために「汽笛」を多用する手段を講じたのである。汽笛を聞いた船はその音量や方向から相手の船との位置や距離を推定し、進路を変えたり速力を増減させたり、あるいは停船し、しばらく相手船の動向を観察して、船を動かす方法がとられたのである。

七月三日午前零時、周囲の霧は濃くなり完全な視界不良となったために、「緑丸」は速力を六・五ノット（時速約一二キロ）に落とし、汽笛を鳴らしながら所定の針路に船位を保ち海図を頼りに航行していた。

午前一時三分、「緑丸」の右舷やや前方で汽笛が聞こえた。この付近は船舶の交通量が多いので、夜間、霧の発生している状態での航行には特段の注意が必要であった。とくに小豆島と香川県側から突き出した大串岬との間はわずか七キロしかなく、東西に行き交う船は定められた航路標識に従い、右側航行の規則が厳守された。しかもここは東西方向に向かうそれぞれの船の航路の変わる屈曲点になっており、互いの船の接近に最も注意を要する場所だったのである。

ここでは西に向かう船は、小豆島の真南に張り出した地蔵崎の南約二キロの地点で、西南微西の針路から西北微西に針路を変える必要があった。そしてまた東に向かう船も、同じく針路を変える必要があった。

緑丸

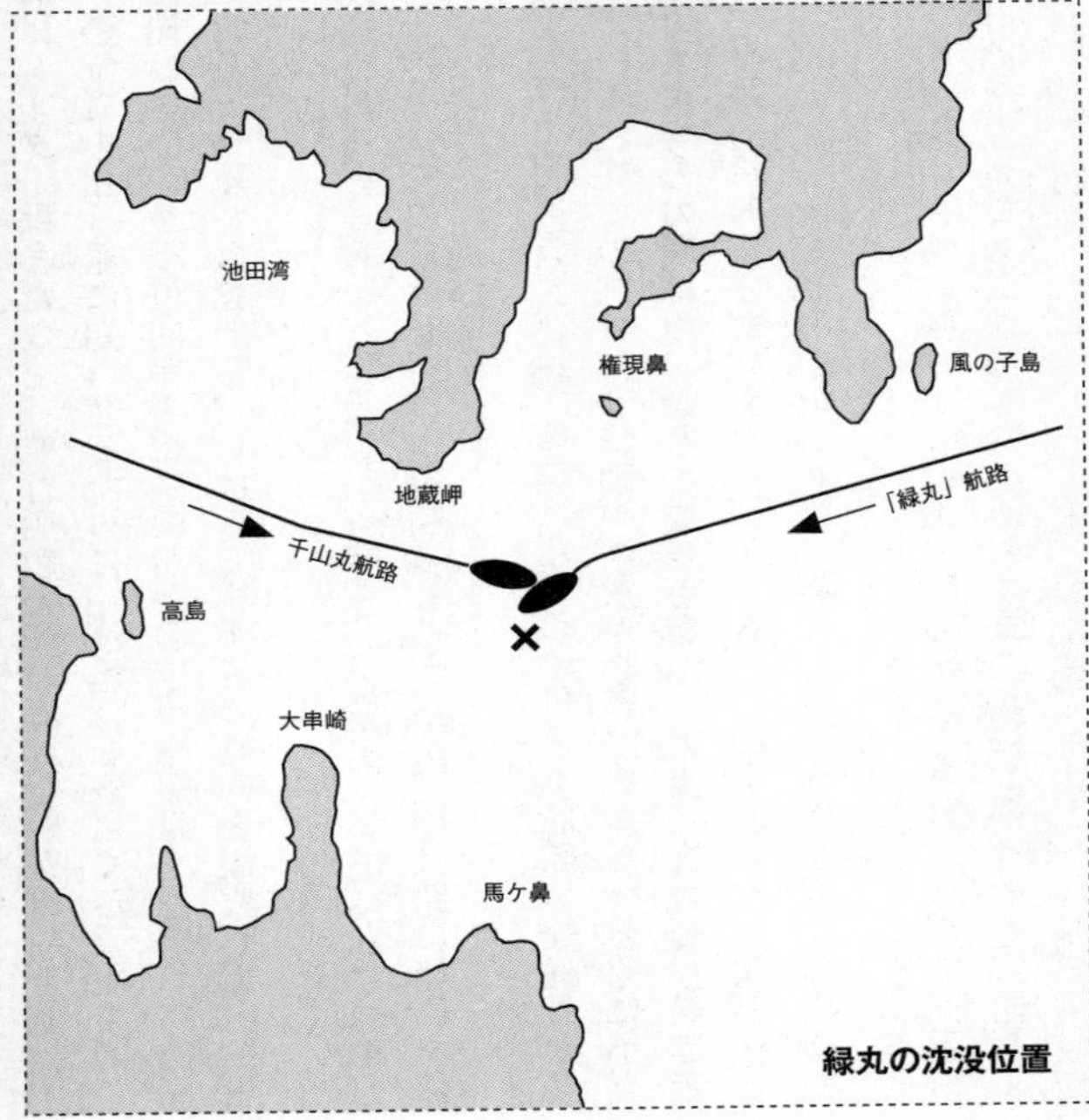

緑丸の沈没位置

「緑丸」は航行規則に従い地蔵崎の南の進路変更点まで直進し、そこで針路を所定の方向に変える予定で船を進めていた。このとき汽笛が再び聞こえた。それは極めて至近位置で鳴らされた汽笛で、しかも本船の右舷やや前方で聞こえたのだ。「緑丸」の船長は航行規則に従い、船をその場に停船させた。

それから約一分後、右舷側の至近に船の航海灯（夜間、マスト先端に掲げる白色灯）が霧の中から現われたのである。衝突はまぬかれなかった。「緑丸」の船長は機関に急ぎ後進を命じて船を後退させたが、その船は「緑丸」の右舷舷側後部に衝突した。そして吃水線付近の舷側に幅約六メートル、深さ約六メートルもの破口が生じ、大量の海水が一気に「緑丸」の船内に流れ込んだ。

衝突した船は大連汽船社の貨物船「千山丸」で、門司から神戸に向かう途中であった。両船は瀬戸内海でも屈指の難所である備讃瀬戸で、しかも視界の利かない夜間、濃霧の中で衝突したのであった。

「緑丸」ではただちに左舷の救命艇の降下準備に入ったが、激しい衝突の勢いで船体は左舷に大きく傾き、救命艇の降下は困難な状態にあった。右舷側は「千山丸」の存在で救命艇の降下は不可能になっていた。

その間に「緑丸」は船尾の破口から流れ込む激しい海水のために船体は急速に船尾から沈下を始め、衝突一〇分後には船首を真上に向けたまま船尾から急速に海面下に没していったのである。

この衝突事故による「緑丸」の犠牲者は、乗客と乗員合わせて一一〇名に達したのである。

この事故にともなう互いの船に下された海難審判の裁定は、「緑丸」側は「濃霧中での減速航行の判断齟齬及び一時停船義務違反」であり、「千山丸」側は「速力減速義務違反と一時停船義務違反」で、「緑丸」側に軽く「千山丸」側に重いものとなった。両船の船長はそれぞれ船長資格行使の一時停止となっている。

6 日本海航路の貨客船「気比丸」

欧州の戦いの余波はソ連の浮遊機雷となって

「気比丸」は敦賀・新潟と朝鮮半島東北岸の清津・羅津間を結ぶ日本海航路に就航していた貨客船である。この航路は満州の開発にともなう牡丹江、新京、ハルピンなどの満州北部の人流と物資輸送量の増加に対し、日本政府が開設を促進させた航路である。とくに牡丹江を中心とした良質な炭鉱の開発によって、本航路扱いの貨客は昭和十年以降急速な伸びを示していたのである。

国策会社として発足した日本海汽船社はこの航路の旅客輸送の主力船として、一九三九年(昭和十四年)に「気比丸」と「月山丸」という姉妹貨客船を建造した。「気比丸」は総トン数四五二二トン、全長一〇八・七メートル、全幅一五メートルの大型船で、主機関は最大出力三三四〇馬力の低圧タービン付きレシプロ機関で最高速力は一六・四ノットを出した。「気比丸」は新潟を夕刻に出航すると、羅津への到着は翌々日の朝であった。この航路は満州往復の最短ルートであり、満州北部を目的とする人々の増加は顕著であった。

「気比丸」の旅客定員は一等二〇名、二等五八名、三等五〇五名の合計五八三名となってい

気比丸

た。そして貨物約六〇〇トンを搭載した。本船の船内設備は充実しており、一等と二等船客用に専用のダイニングルームとラウンジ、喫煙室が整備されていた。また三等船室は一・二等のベッド式ではなく、いくつにも区画された絨毯敷きの雑居室になっているところが日本的であった。

「気比丸」は就航以来順調な貨客輸送を展開していたが、一九四一年六月に独ソ戦が勃発すると、本航路を取り巻く情勢はにわかに緊張が高まりだしたのであった。ソ連は羅津港に隣接するウラジオストク軍港周辺海域に厳戒態勢を敷いたのである。ドイツ潜水艦の日本海への侵入の懸念であり、ウラジオストクを拠点とするソ連艦隊が攻撃される危険性をみたのである。このためにソ連海軍はウラジオストク軍港周辺海域への機雷堰の構築を進めたのであった。

ところが六月頃から朝鮮半島東部海岸沖を中心に浮遊機雷の発見が続発、一九四一年十月末までに発見、または爆発事故を起こした機雷は五七個におよんだのであった。この事態に日本海軍は朝鮮半島東部海岸一帯の哨戒のために監視艇を

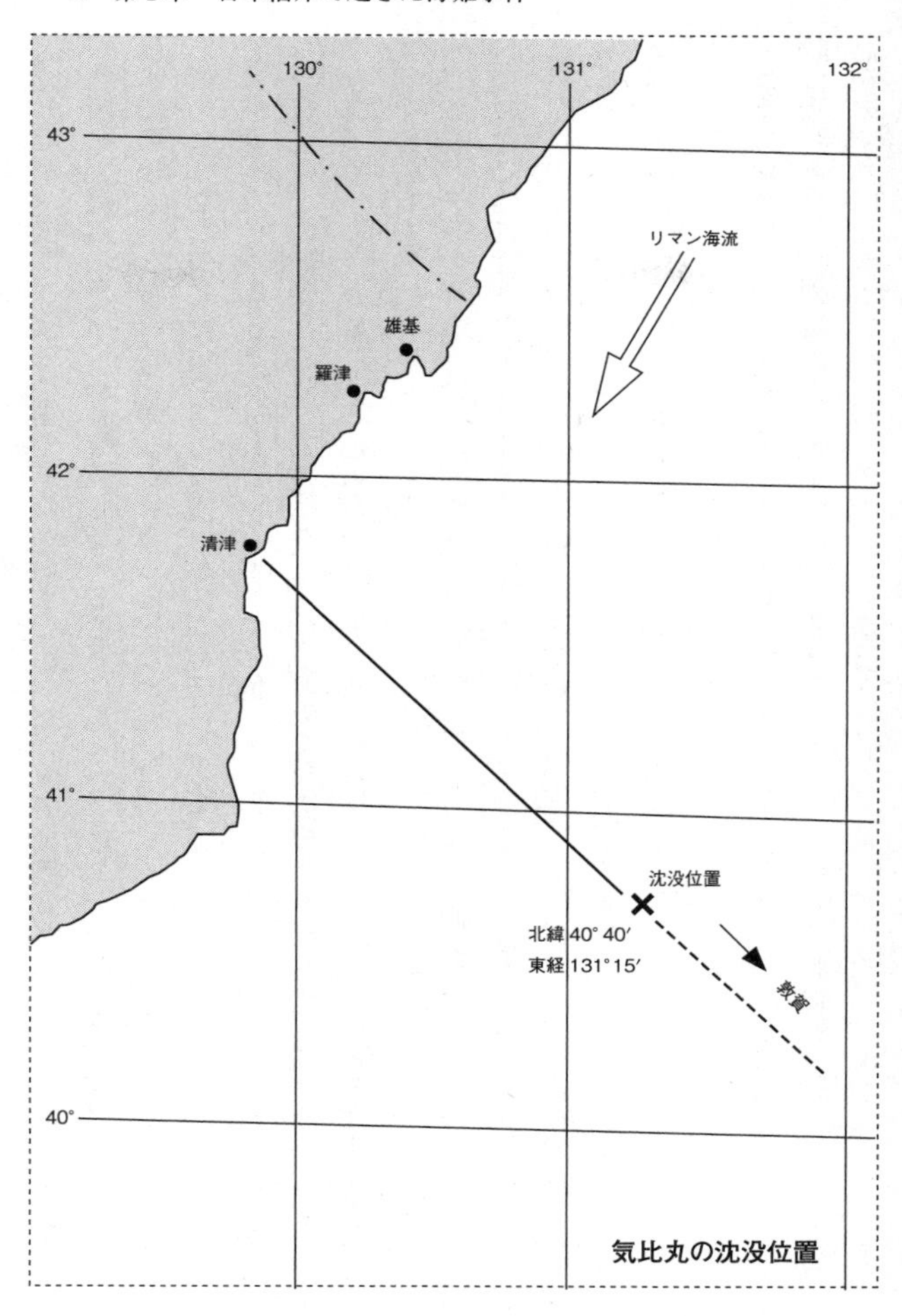

気比丸の沈没位置

配置したが、機雷の発見と爆発事故が絶えなかった。原因は機雷堰に設置した機雷の係留索が切断して機雷が海流に乗り浮遊していることにあった。このために日本海航路を航行する日本船舶は厳重な監視体制が敷かれることになった。

このような緊迫した中で、一九四一年十一月五日午後二時、「気比丸」は清津を出港し敦賀に向かった。本船の乗客は合計三五七名で、他に乗組員八九名が乗船していた。出航後から予定航路上の波が高まり、「気比丸」では当直監視員の機雷監視が不可能になったので、それまでの一二・五ノットの速力を一〇・五ノットに落とし、少しでも機雷の監視が可能な状態を維持したのであった。

ところが午後十時十四分、「気比丸」の左舷船首付近で大きな爆発が起きたのであった。暗夜の中で発見できなかった浮遊機雷に触れたのである。爆発の威力は甚大で「気比丸」の船首左舷の第一船倉付近の外板が大きく破壊され、海水は一気に船内に流れ込んできたのである。そして爆発と同時に爆発個所の上の第二甲板は大きく破損したのだ。ここは船首の三等客室が設けられているところで、そこで就寝していた多くの船客が犠牲になったのであった。

急速に沈下を始める「気比丸」では、船長はただちに船を止めて救命艇の降下を命じ、同時に乗客と乗組員の総員の退避を伝えた。搭載されていた一〇隻の救命艇と折り畳み式の救命筏のすべてが投下され、残存の乗客と乗組員がそれらに乗り移ったのであった。

彼らはその後救助に駆けつけた日本海軍の駆潜艇や哨戒艇に救助されたが、犠牲者は乗客一三六名と乗組員二〇名の合計一五六名に達したのである。犠牲になった人々は船首の三等雑居船室に寝ていた船客と付近の乗組員室で休息していた船員たちであった。

7 錦江湾の連絡船「第六垂水丸」

兵隊たちの面会家族を満載にして出港

太平洋戦争後半の一九四四年（昭和十九年）二月六日の日曜日、鹿児島県の大隅半島の垂水港沖で悲惨な事件が起きた。鹿児島には陸海軍の基地が多く点在していた。この日は、鹿児島に拠点基地（駐屯地）を持つ西部第十八部隊（歩兵第四十五連隊補充隊）の家族面会日になっていた。連隊は面会日をこの日に早めていたのであった。鹿児島県出身者の多い同連隊の面会日には県内在住の多数の家族が基地に参集するとみられていた。

垂水町から鹿児島市内に向かうには垂水港から錦江湾を横断し、向かいの鹿児島市の港まで連絡船を使うのが最短距離であった。航路の全長は約一五キロ、所要時間は一時間程度である。

本航路用の連絡船は一〇〇乃至一五〇トン程度の小型の船で、旅客定員も一五〇名程度であった。その中で一九三五年に建造された「第六垂水丸」は、このような短距離の連絡航路で運用される船としては極めて斬新な、そしてスマートな外観の船であった。本船は総トン数一二一トン、全長二九メートル、全幅五・四メートル、吃水二メートル、主機関は最大出

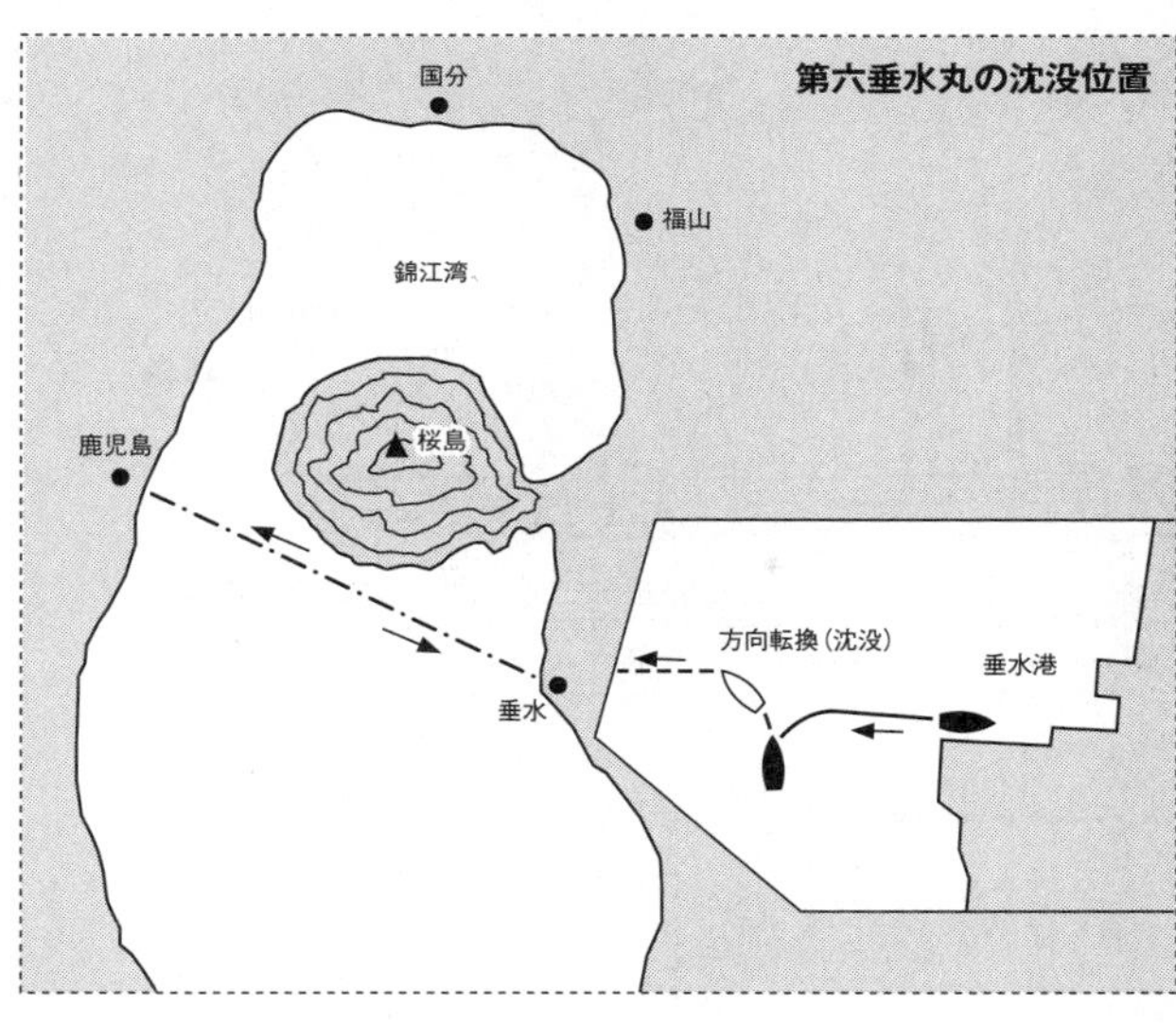

力四〇〇馬力のディーゼル機関で最高速力は一〇ノット（時速一八・五キロ）を発揮した。旅客定員は一二〇名であった。

二月六日、垂水港には六〇〇名を超える兵員の家族が集まっていた。前倒しにされた面会日と当時の戦況から、部隊が近々に出立するかもしれないという人々の思惑があった。最後の面会となることを予期して、多数の人々が港に集まっていたのであった。

連絡船は午前九時五十分の出航であった。人々は「第六垂水丸」に殺到した。そこにいた全員の乗船を終わったとき、「第六垂水丸」の船上は船首甲板から上甲板の通路まで、さらにその上のボートデッキの上にも溢れんばか

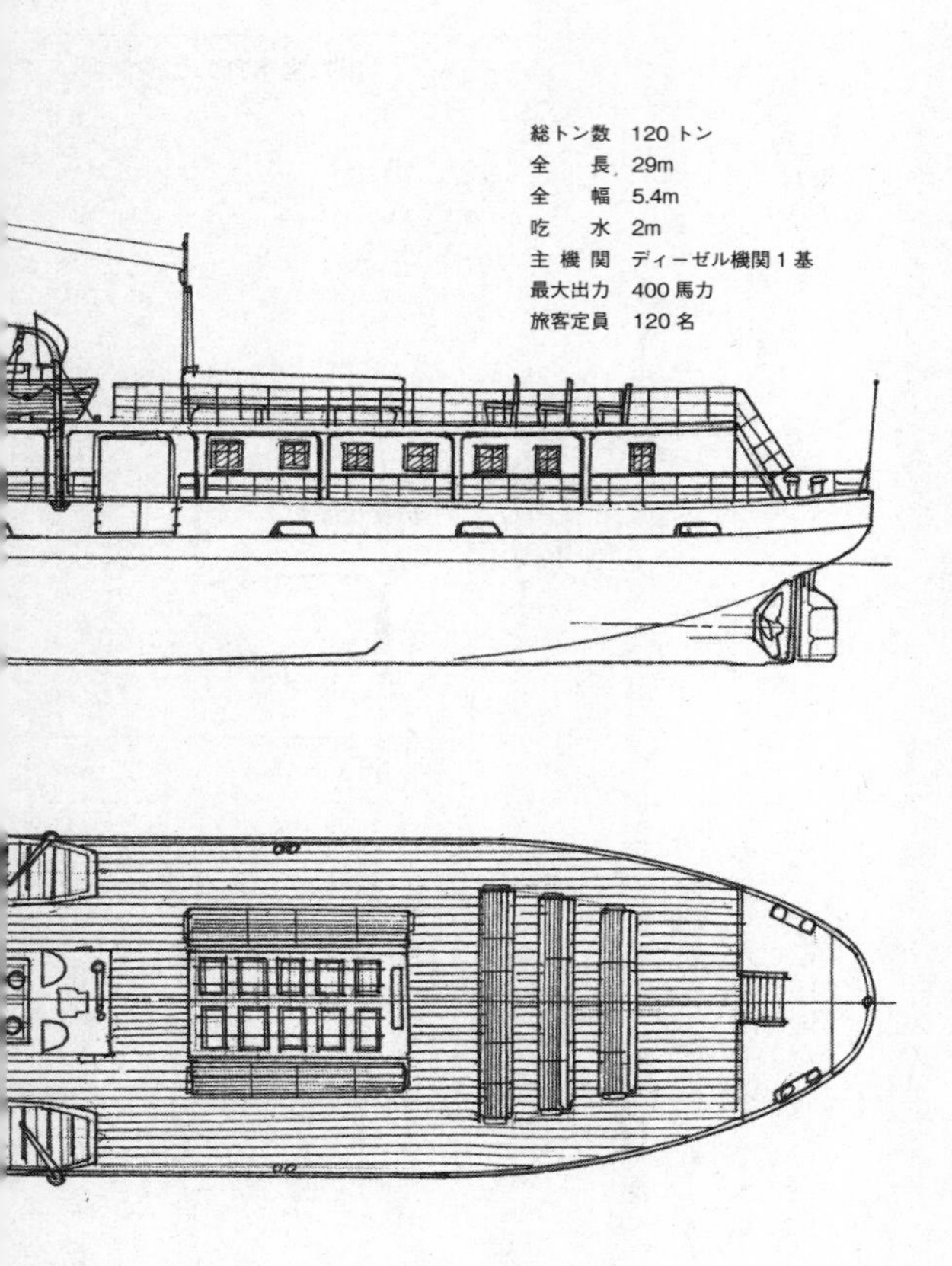
総トン数　120 トン
全　　長　29m
全　　幅　5.4m
吃　　水　2m
主 機 関　ディーゼル機関 1 基
最大出力　400 馬力
旅客定員　120 名

第六垂水丸

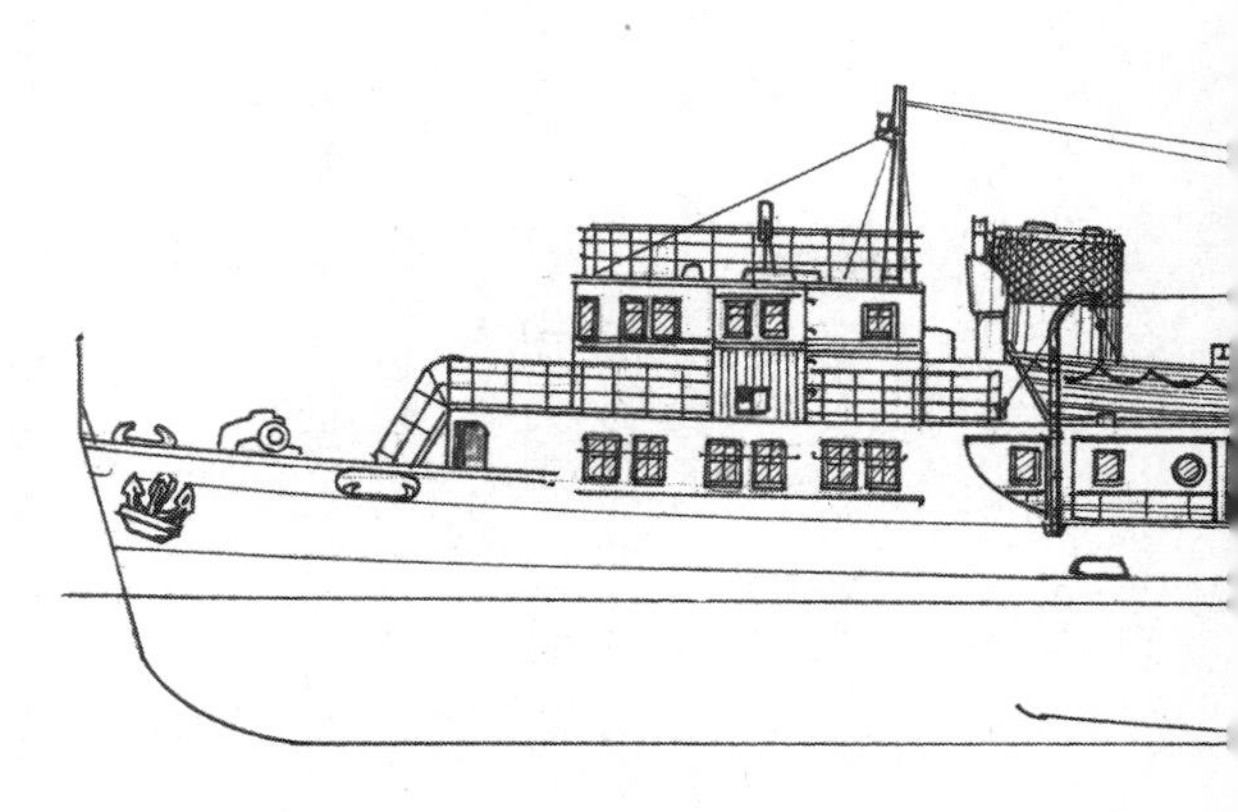

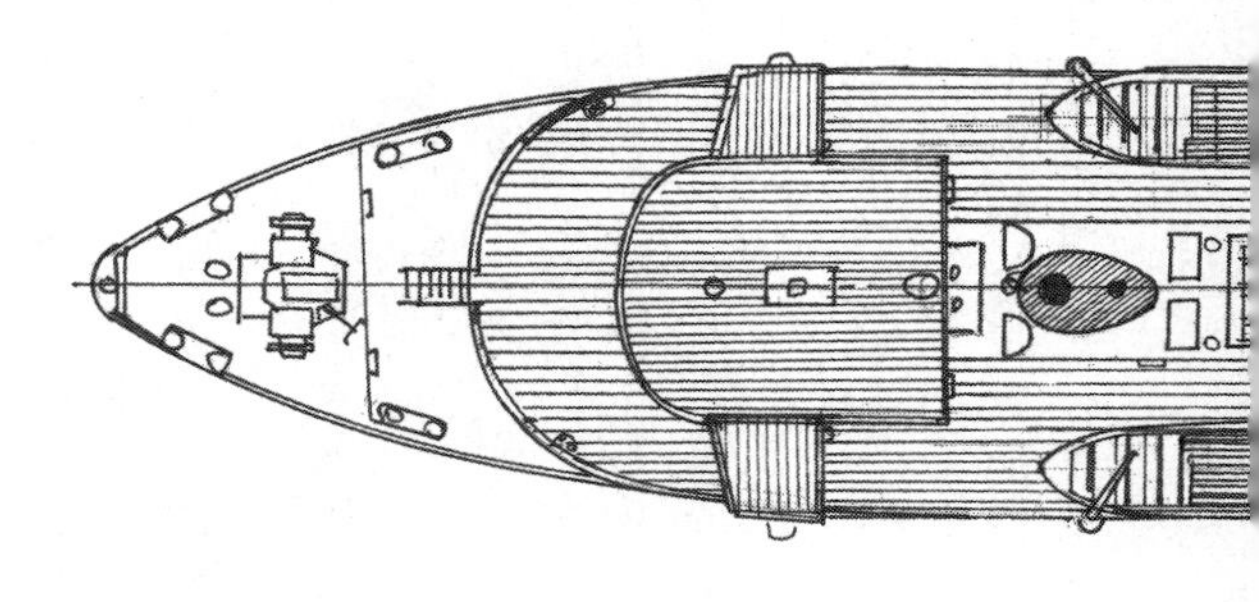

りの乗客が乗り込んでいたのであった。ましてや船内の船室は座るどころか全員が立ち、まさに立錐の余地もないほどの人々でうずまっていたのであった。短時間の航海であるために少しくらいの苦痛は我慢できる思いで、皆乗船していたのであった。定員の約五倍以上の乗客を乗せた「第六垂水丸」は完全にトップヘビーの状態で、極めて不安定な状態になっていたのである。

この日乗船した乗客の正確な数はまったく不明であった。船は定刻より遅れて垂水港を出港した。桟橋を後進で離れた「第六垂水丸」はそのまま約二〇〇メートル進み、船首を一八〇度旋回させて鹿児島港に向かおうとしたのである。しかしその旋回の最中に重心が上がり不安定となっていた「第六垂水丸」は、衆人環視の中で突然、船体が傾き、そのまま海面に横倒しとなってしまったのだ。船上はたちまち阿鼻叫喚の巷と化してしまった。

ボートデッキや船首甲板にいた乗客たちの多くは海面に落ち、泳げる者は岸まで泳ぎ着いたが、厳寒の季節では長く海上を漂うことはできない。浮かんでいる者は一人二人と波間に消えていったのであった。そして船室にいた乗客たちは脱出するすべはまったくなかったのである。

この日どれだけの乗客が「第六垂水丸」に乗り込んだのか、正確な数は確認されていないが、収容された遺体は五四七名に達していた。これは日本の明治以降の海難事故の犠牲者数としては、「洞爺丸」「珠丸」沈没事故に次ぐものである。

8　貨客船「珠丸」の爆沈

未掃海となった機雷は敵味方の区別なく

戦後間もない一九四五年（昭和二十年）十月十四日の早朝、超満員の乗客を乗せて対馬の厳原港を出港した九州郵船社の小型貨客船「珠丸（たま）」が、壱岐勝本の北方約一五カイリ（約二八キロ）の海域で機雷に触れて沈没した。犠牲者の正確な数は不明であるが、八〇〇名は超えていたものと推定されている。

爆発は「珠丸」船体後部左舷の二番船倉の付近で発生した。爆発によって本船の船尾二番船倉の外板は大きく破壊され、海水は一気に船内に流れ込み、船体は急速に左舷に傾き船尾から沈んでいったのであった。

厳原港を出港するときに最終的にまとめられていた乗船者数は七二六名（乗客六九四名、乗組員三二名）であった。救助された乗客と乗組員の総数は一八五名（乗客一七四名、乗組員一一名）とされており、犠牲者の総数は五四一名と発表された。しかしこの数字はあくまでも公表されたもので、乗客の総数は一〇〇〇名を超えていたとされており、犠牲者数は八〇〇名に達しているとみられたのである。

「珠丸」は総トン数五〇〇トン、全長五三メートル、全幅八メートル、最大出力六〇〇馬力の三衝程レシプロ機関を装備し、最高速力一二ノットの小型貨客船である。本船の旅客定員は三〇〇名で貨物八〇〇トンの搭載が可能であった。「珠丸」は九州の博多と壱岐・対馬を結ぶ航路に就航していた。

「珠丸」は一九四五年十月八日、対馬比田勝港で満州や朝鮮からの引揚者や復員将兵ら三二一名を乗せて出港した。本船は途中で厳原に寄港し、この地に滞留している引揚者をさらに乗せて博多に向かう予定であった。対馬には日本に帰還する満州や朝鮮からの引揚者が輸送力の不足から大勢残留していたのである。

厳原港には比田勝港と同じく滞留者がいたが、彼らの多くは博多までの乗船券を購入できずにいたのである。ところが乗船券を持った乗客が乗り込む間に、関係者の隙を見て人々が「珠丸」に乗り込み、さらに高額のヤミの乗船券を購入した者が続出し、九州郵船社としては収拾のつかない状況下に置かれることになったのであった。結果的には「珠丸」が出航するときの正確な乗客数は不明となっていたのである。

「珠丸」は厳原港に停泊し乗客を乗せた直後に出航する予定であったが、折悪しく台風が接近しており出航が延期されたのであった。結局、本船は厳原港に五日間停泊することになったが、この間にも乗客が増えてしまったのである。

「珠丸」は十月十四日午前六時十五分に厳原港を出港した。このときの乗船者は少なくとも乗客と乗組員合わせて一〇〇〇名以上が乗船していたと推定されたのである。

そして「珠丸」が壱岐の北端の勝本港沖約二八キロの地点に達したとき機雷に接触し、爆発、沈没したのである。壱岐からは漁船が危険な海にもかかわらず救助にむかった。そして一八五名が救助されたのであったが、その他の人々は船とともに海底に沈んだ。

このとき「珠丸」が接触した機雷は日本海軍が敷設したものに相違なかった。日本海軍は一九四五年三月に、日本海への敵潜水艦の侵入を阻止するために対馬海峡入口一帯に機雷堰を構築したのである。機雷堰とは密に機雷を敷設し、その海域への敵艦艇の侵入を阻止することが目的であった。日本政府は終戦後も機雷除去のための部隊を残し、日本周辺の掃海を行なっていたが、「珠丸」については「掃海漏れ」の機雷と推測されたのだ。珠丸事件の犠牲者数は、その後の青函連絡船「洞爺丸」の沈没事故時の犠牲者に次ぐ数字として記録されている。

終戦直後から数年間、未掃海の機雷の爆発による日本沿岸の船舶の損害は多発していた。これらについては日本海軍が敷設した機雷以外に、とくに西日本の港湾や海峡に投下された米軍の磁気・音響感応機雷によるものも頻発している。

客船もその例外ではなく、一九四五年十月七日にも悲劇が起きていた。この日、関西汽船社の客船「室戸丸」（総トン数一二五〇トン）が大阪港を出港し高松港に向かったとき、神戸沖で未掃海の機雷が爆発し瞬時に沈没したのであった。乗客と乗組員合わせて三三六名が

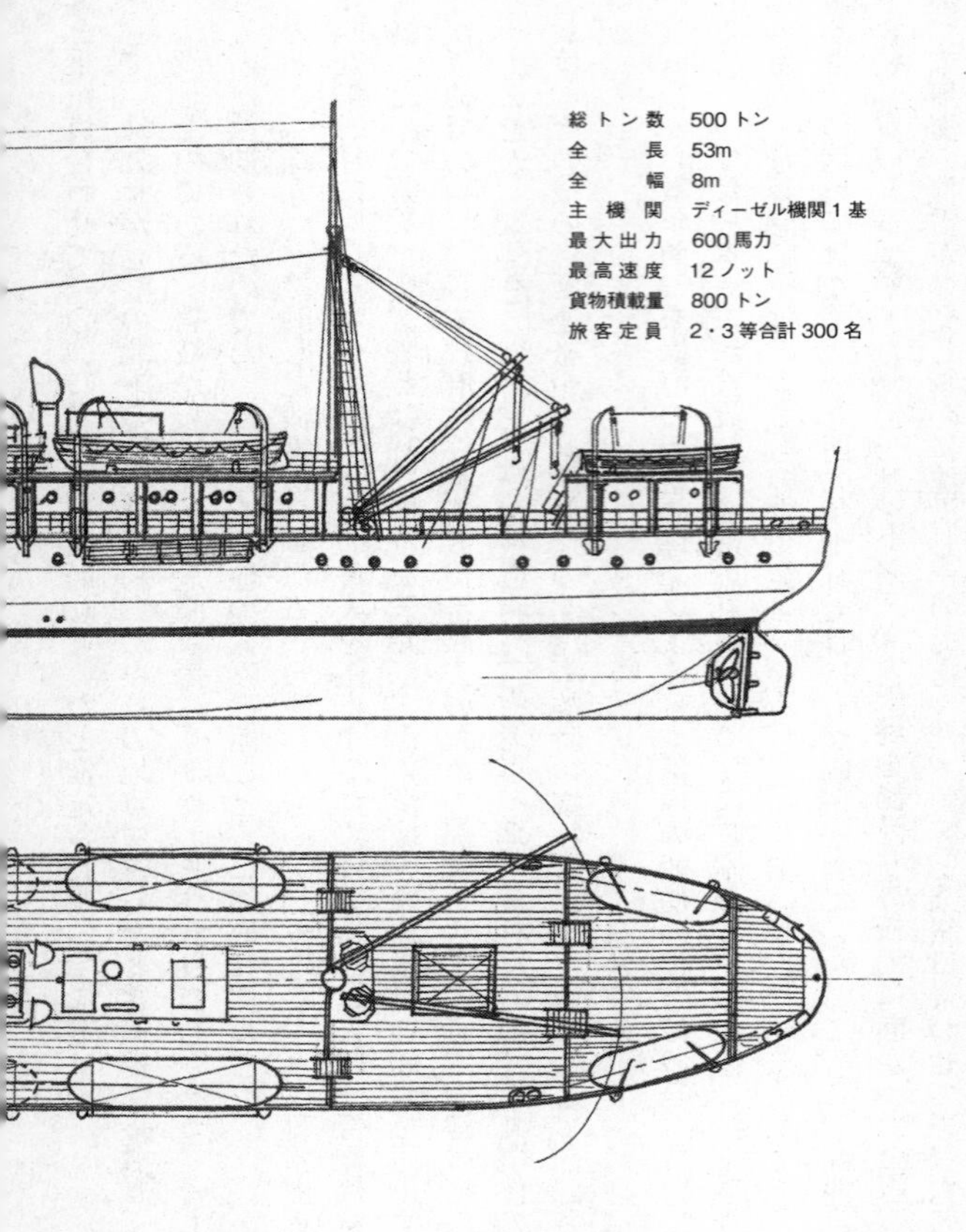
総トン数　500トン
全　　長　53m
全　　幅　8m
主機関　ディーゼル機関1基
最大出力　600馬力
最高速度　12ノット
貨物積載量　800トン
旅客定員　2・3等合計300名

珠丸

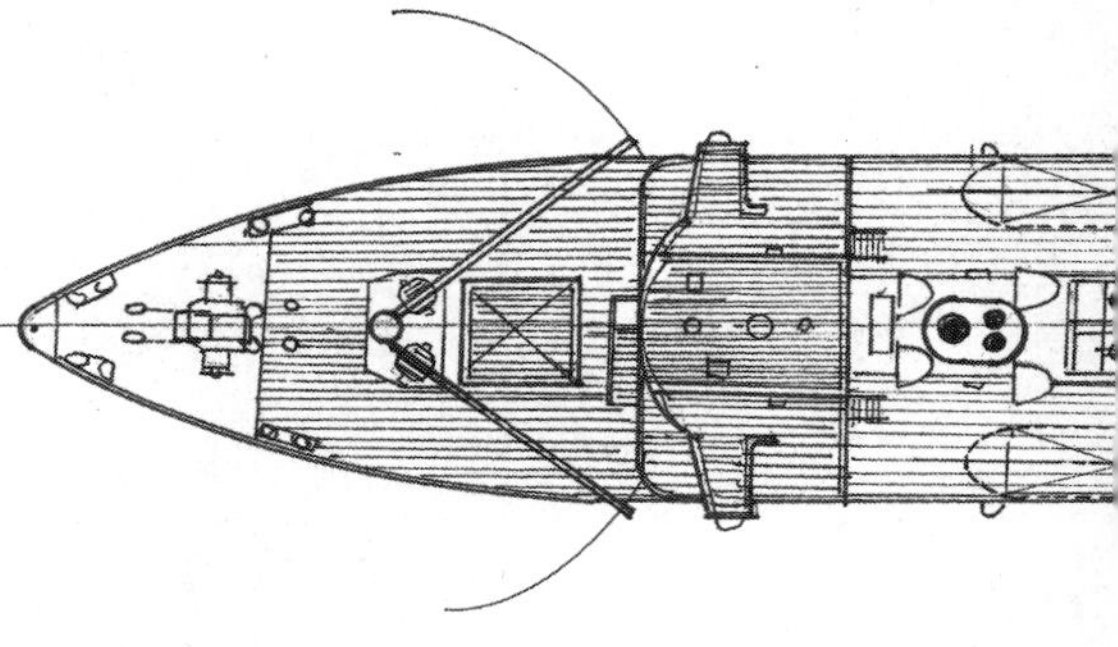

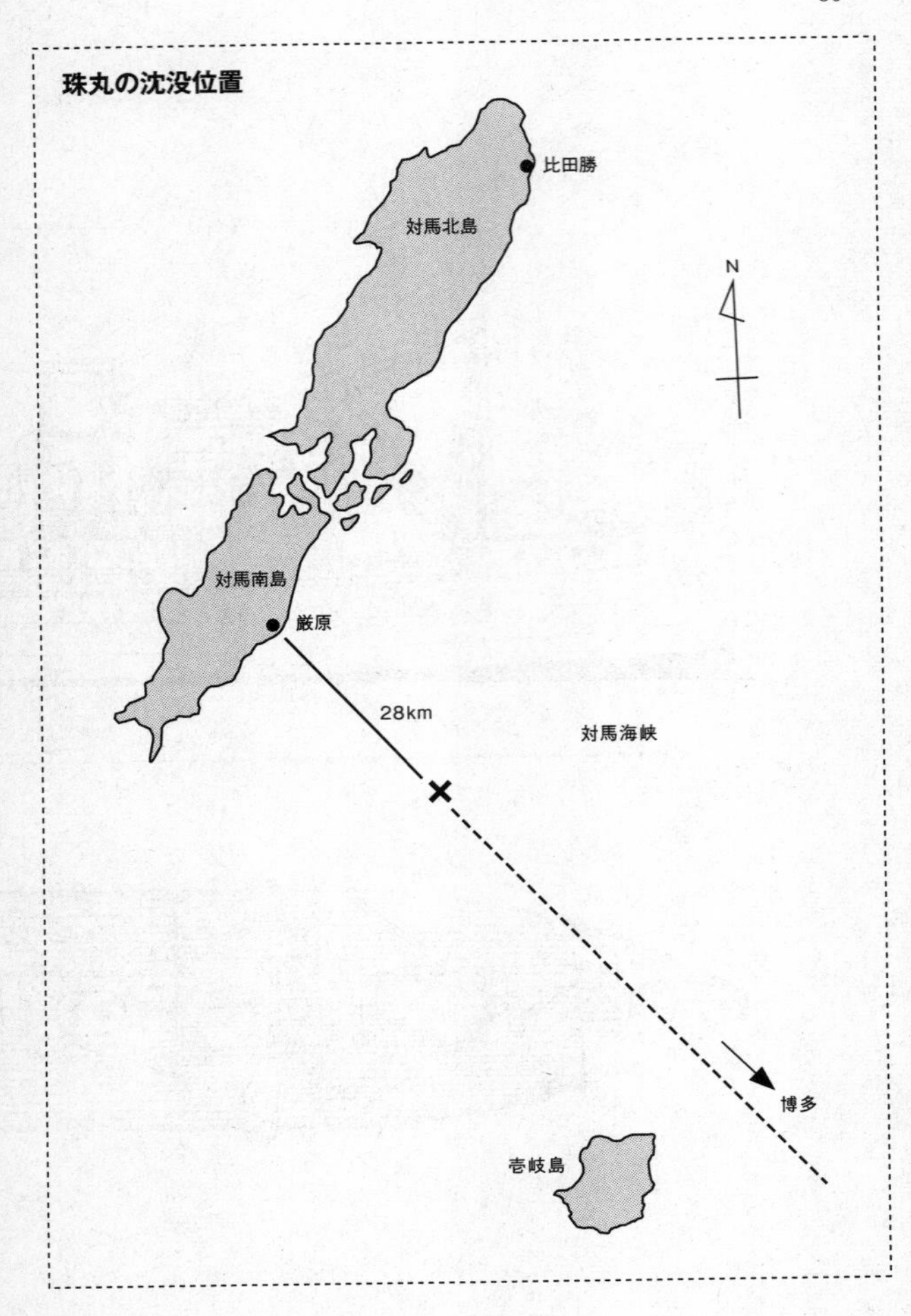
珠丸の沈没位置
比田勝
対馬北島
N
対馬南島
厳原
28km
対馬海峡
博多
壱岐島

犠牲となったのである。このときの機雷は米軍が投下敷設した磁気・音響感応機雷によるものだった。

未掃海の機雷については戦後も一九五五年頃まで掃海作業が継続されていたが、この間に旧海軍の掃海部隊隊員や海上保安庁職員の犠牲者は七七名に上っているのである。

9 瀬戸内海汽船の客船「第十東予丸」

美しい島々をめぐる瀬戸内しまなみ海道で

一九四五年十一月六日、瀬戸内海の伯方島の沖合で小型客船「第十東予丸」が満員の乗客を乗せて航行中、荒天のため転覆し沈没した。犠牲者は四一六名（乗客四〇八名、乗組員八名）という大惨事となった。

終戦直後の数年間、日本周辺海域、とくに沿岸航路の船舶に海難事故が頻発し多くの人的損害が生じた。その原因の大半は酷使された船舶の整備不良、弛緩した世状の中での海上交通規則の不履行、国内の輸送人員の過多による過酷なまでの輸送量増であった。この「第十東予丸」の惨事も通常では起きることのない状況が原因となったのである。

広島県尾道と対岸の四国の今治との間約六〇キロは、瀬戸内海汽船の小型客船で結ばれていた。大小の島々が多く点在するこの海域の航路はとくに複雑で、本航路も島々の間のいくつもの狭水道が航路となっていた。この航路に配船されていた船の一隻が「第十東予丸」であった。

「第十東予丸」は総トン数一六二トン、全長三〇メートル、全幅五・一メートル、吃水二メートルという小型船で、旅客定員は一五〇名であった。主機関は小型船にしては強馬力の最大出力六〇〇馬力のディーゼル機関を装備していた。最高速力は一二ノット（時速約二二キロ）が出せたが、潮流が速いために流れに反航して航行するためには、反航時の速力確保のために船の規模に比較して出力が大きくなっていたのである。

航路は尾道を出港すると、向島水道を西に抜け、因島と佐木島・生口島を隔てる水道を通り、伯方島と大島との間の水道を抜けて燧灘に出て今治に向かう複雑な航路となっていた。このために操船には細心の注意と高度な技術が必要とされたのである。

十一月六日、尾道では「第十東予丸」に過剰なまでの旅客が乗船したのだ。一般旅客が定員越えの一八〇名の他に、四国に帰還する復員軍人三五〇名が乗り込んできたのであった。定員の三倍以上の旅客が乗船したのである。吃水の浅い本船に定員の三・五倍に達する乗客が乗船することは、船の安定性を著しく損なうことになるが、当時は輸送力の増強が第一となっており、定員規制は絵空事になっていたのである。

しかし当日の天候は小型船舶の航行にはいささかの不安があった。瀬戸内海中部の海上は前線の影響を受けて強風が吹き、波が高まっていたのであった。「第十東予丸」がいくつかの狭水道を抜け伯方島の南東沖に達したとき、船体は真横から突然の突風を受けたのであった。超満員状態で船体の浮点が上昇していた「第十東予丸」はたちまち転覆した。そして甲板上に鈴なり状態でいた乗客は海に投げ出され、船内の船室に立

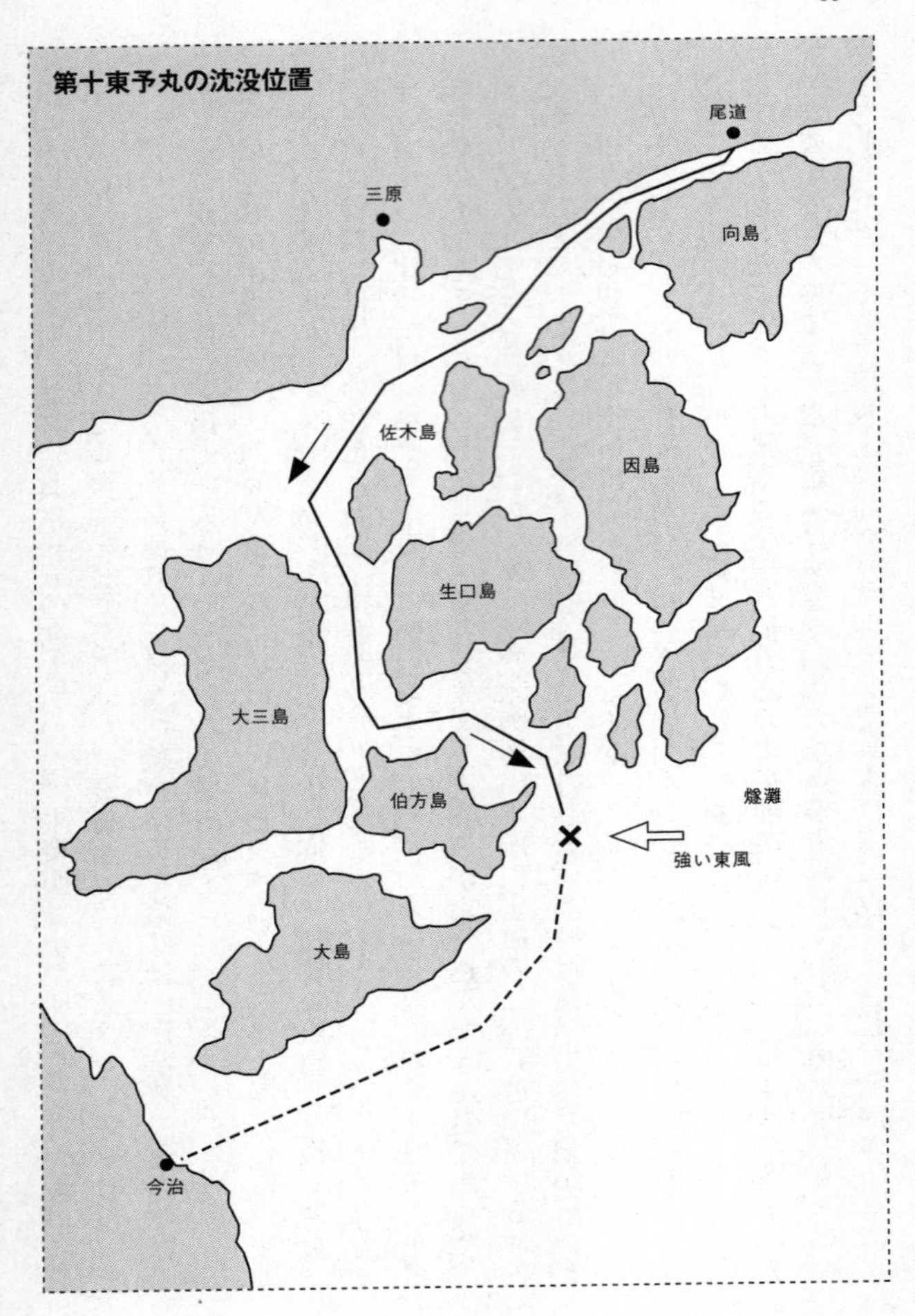
第十東予丸の沈没位置
尾道
三原
向島
佐木島
因島
生口島
大三島
伯方島
燧灘
強い東風
大島
今治

錐の余地もなく乗り込んでいた乗客は脱出するいとまもなく船体とともにたちまち海面下に没してしまったのであった。

「第十東予丸」の沈没にともなう犠牲者数は、判明しているだけでも死者・行方不明者三九七名（乗客・乗組員）で、救助された者は一四五名であった。このときの「第十東予丸」の乗船者は合計五四二名（定員の約三・三倍。本船の旅客定員と乗組員総数は一六二名）に達していたのであった。

それから一二年後の一九五七年（昭和三十二年）四月に、本航路で再び惨事が起きたのである。航路の途中にある生口島には耕三寺という名刹がある。ここは桜の名所でもあった。季節になると大勢の花見客と参拝客で混雑することでも知られていた。

四月十二日の午後、生口島の瀬戸田港では尾道への帰途につく船は花見・参拝客であふれていた。

芸備商船社の小型定期客船「第五北川丸」（総トン数三九トン、旅客定員七七名、乗組員七名）は、このとき尾道に帰る乗客二三八名（定員の約三倍）を乗せて瀬戸田港を出港した。港を離れてまもなく、「第五北川丸」は暗礁に乗り上げ、たちまち転覆沈没したのであった。死者・行方不明者一一三名に達したのだ。

転覆の原因は極めてお粗末なことにあった。船が出航するに際し、船長は満員の乗船客の整理と乗船券の確認に忙殺され、船の操縦をわずか一六歳の甲板員に任せていたのである。

船長は航路の方向を簡単に指示し、舵輪の操作を甲板員にあずけたのであった。港を出た直後には注意を要する暗礁があり、その位置の確認と、それを避けるすべを甲板員に十分に伝えていなかったのである。事故の責任は船長の業務上の過失となったのである。

10 明石海峡連絡船「せきれい丸」

終戦直後の買い出しの人々があふれて

「せきれい丸」は淡路島と対岸の明石を結ぶ連絡船であった。本船は播淡連絡汽船社の持ち船で、わずか総トン数三四トンの小型船で、全長一九メートル、全幅四メートルに過ぎず、旅客定員も一〇〇名であった。

「せきれい丸」が就航するのは播淡航路と呼ばれた淡路島の岩屋港と明石港を結ぶもので、現在はこの航路上に明石海峡大橋が架かっている。この航路は全長約四キロの短い距離で、常時は船内が混み合うようなことはなかった。

一九四五年（昭和二十年）十二月九日、この日は日本海側を発達した低気圧が通過中で、明石海峡には朝から強い南風が吹いており、海上も荒れ模様であった。この日の連絡船は海上が荒れているために休航の予定であった。しかし、当日は早朝から岩屋港の連絡船岸壁には、対岸の明石や阪神方面に向かう乗客で溢れかえっていたのだ。そのほとんどが阪神方面への食料品の買い出し客であった。

当時、本航路の運航の権限は連絡船の船長に任されていたのである。船長は港に集まった大勢の買い出し客のやむを得ぬ事情をくみ取り、多少の危険を承知で連絡船を出すことにしたのであった。ただし海上の様子は、わずかの距離ではありながら困難を覚悟せざるを得なかったのである。

「せきれい丸」は出航の用意にかかったが、乗船する人々は一気に船内になだれ込み、乗組員の制止も聞き入れない状態となったのである。出航時点での乗船者は定員のおよそ三倍以上に膨れ上がっていたのだ。乗組員は船の安定が守れないとして、危険であることを乗客たちに忠告し、一部下船することを求めたが聞き入れる者はいなかった。当時はそれほどまでに皆が食糧の獲得に躍起となっていたのであった。この状況をみて船長は危険を承知の上で船を出したのだ。

この時点で小型連絡船「せきれい丸」は定員過剰となり、船体の重心点が上昇し安定性を大きく欠いていたのである。

岩屋港を出港した「せきれい丸」が航路の半分の位置、淡路島北端の松帆崎沖約一五〇〇メートルの地点に達したとき、西からの強風が一段と強まり、波しぶきが左舷側の通路や甲板に立っている乗客に激しく降りかかってきたのだ。これを避けるために乗客たちは我先に右舷に移動を始めたのであった。

重心が高く不安定な状態の「せきれい丸」は突然の右舷側への乗客の移動のために船体は大きく傾き出し、そのまま海上に横倒しとなり沈み始めたのである。

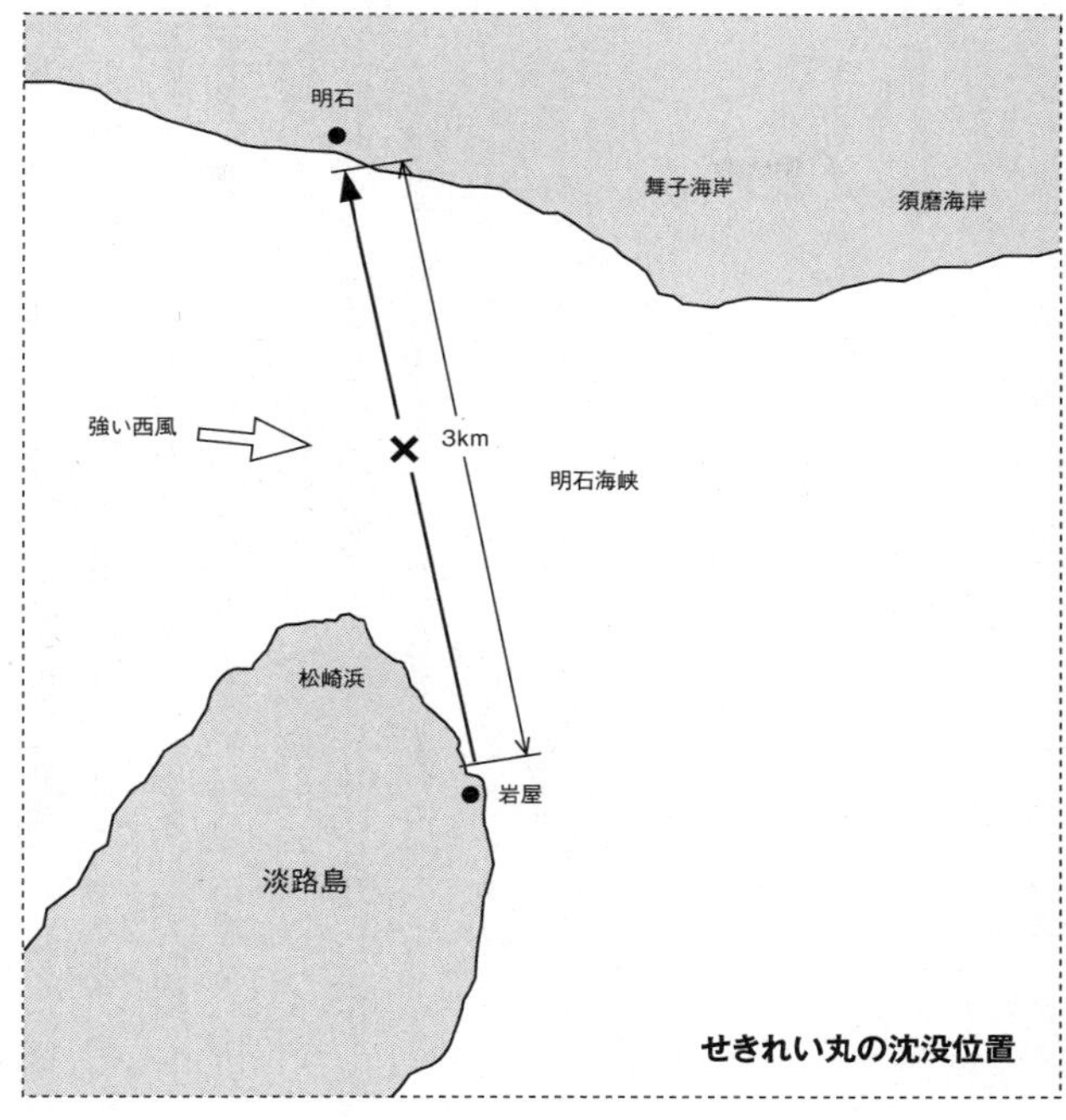

せきれい丸の沈没位置

この荒天の中、付近の海では数隻の小型漁船が鯛釣り漁を行なっていた。これら漁師たちは「せきれい丸」の沈没を眼前に見て、ただちに遭難現場に駆けつけたのである。しかし彼らが救助した「せきれい丸」の乗客や乗組員はわずか四五名であった。

その後の捜索でも、強い潮流により犠牲者の発見は難航し、引き揚げられたのは一七名に過ぎず、残る乗客と乗組員二八七名は収容できなかったのであった。「せきれい丸」の遭難による犠牲者数は三〇四名に達したのだ。

この事故は戦後の食糧難を象徴する海の事故であったが、陸上でも同じような事故が起きていたのである。一九四七年二月二十五日、国鉄八高線（埼玉県）で、満員の食糧買い出し客で溢れかえった客車を引いた蒸気機関車が、過剰な重みと速い速度で急なカーブを曲がりきれず、脱線・転覆する事故が発生したのだ。この事故による死者は一八四名、重軽傷者五七〇名という大惨事となったのであった。当時はまだローカル線では木製の客車が大半であり、その脆弱性が被害を増幅させたとされている。

11 戦後二八隻組の客船「青葉丸」
誤った台風情報がもたらした出航の判断

客船「青葉丸」は川崎汽船社が一九四八年に建造した瀬戸内海航路用の小型客船である。連合国軍総司令部（ＧＨＱ）は、終戦直後の日本国内の交通、とくに鉄道の輸送力の低下を懸念し、増強策として国内沿岸航路用の条件付きの旅客船の至急建造を日本政府に命じたのであった。このとき建造が許可された小型客船と貨客船は合計二八隻で、急ぎ建造して沿岸航路に配船することになったのである。これがいわゆる「戦後二八隻組」と称する船たちである。

これら二八隻は総トン数が四〇〇トンから二〇〇〇トンまでの船で、代表的な船としては大阪商船社の「白雲丸」、日本海汽船社の「東光丸」、日本郵船社の「小樽丸」、関西汽船社の「あけぼの丸」などがある。二八隻のほとんどが一九四七年から翌年にかけて完成し運用を開始している。

「青葉丸」は完成を急ぐために、戦時中に川崎重工社で工事半ばだった大型曳船「深日丸」を母体にして建造された。工事に際しては、この曳船の中央部を切断し、そこに一〇メートルほどの新しい中央船体を接合し、客船として完成させたのが本船であった。「青葉丸」は総トン数五九九トン、全長五二・五メートル、全幅八メートルで、主機関は「深日丸」に搭載された最大出力八五〇馬力の三衡程レシプロ機関をそのまま使い、最高速力は一一・七ノットであった。

「青葉丸」は一九四八年三月に完成し、瀬戸内海西部の門司、高浜（松山）、今治間の航路に配船されることになった。旅客定員は二等と三等合わせて三六五名、乗組員は船長以下七五名であった。

一九四九年六月二十日の午後九時、「青葉丸」は乗客九九名（他に乗組員四七名）を乗せて高浜港を出港し門司に向かった。

この頃、フィリピン東方海上で発生していた台風（デラ台風）は、勢力を増して沖縄近海を北上、鹿児島県の屋久島に接近していた。

（注）戦後占領下にあった日本の気象観測は太平洋海域はアメリカ空軍の管轄下にあり、台風の観測はグアム島に基地を置く偵察・気象観測機によって行なわれていた。そして台風は発生順に女性英名（重複しない）がつけられていたのである。

当時のこの台風の予報では、デラ台風は勢力を強めて九州を縦断し、二十日には日本海に抜けるとなっていた。しかし六月二十日夕刻の気象予報では「台風は屋久島付近を通過後、

青葉丸

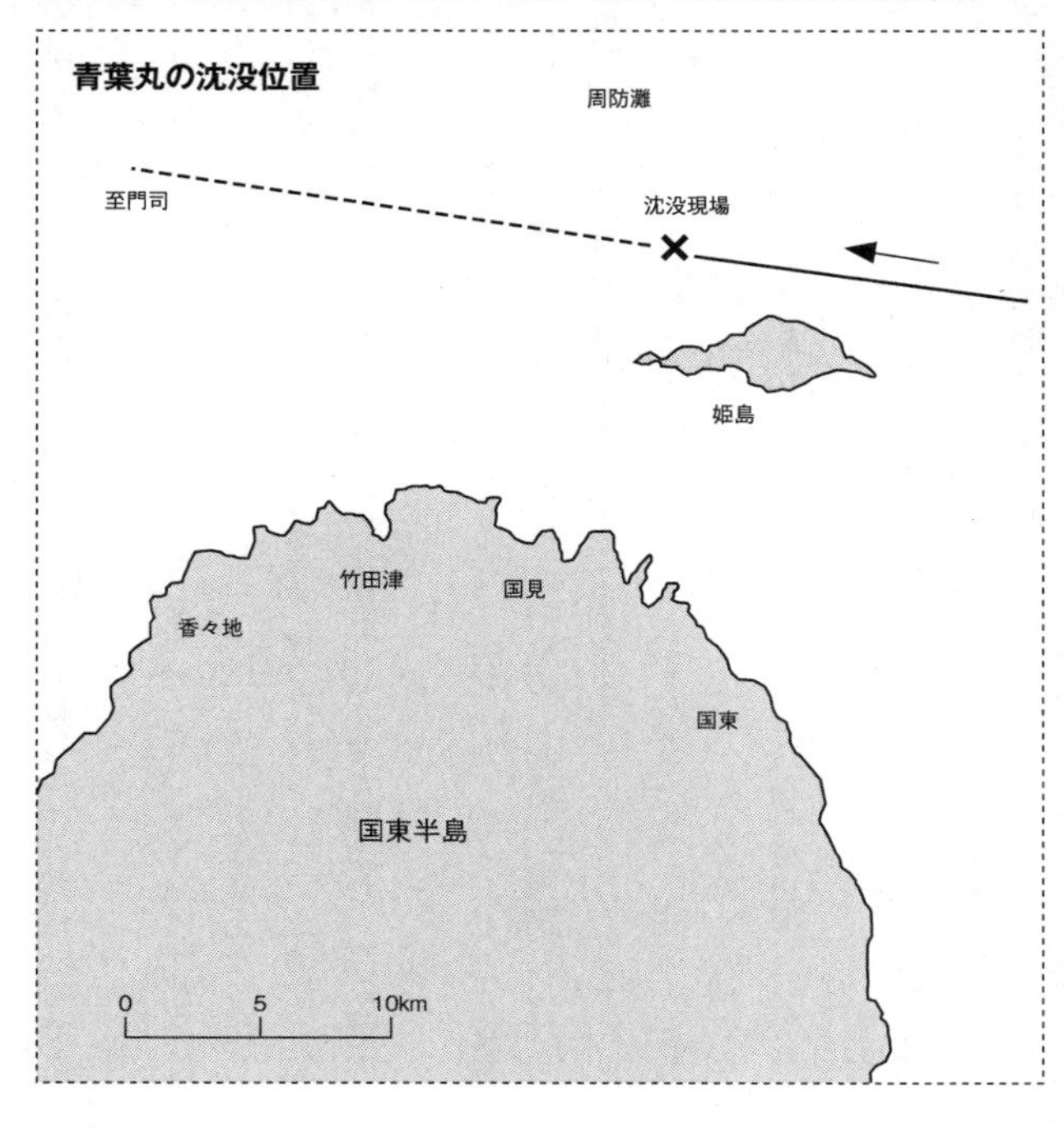

針路を東に変え、鹿児島には上陸せず四国の土佐沖の海上を東に進むもの」とされたのであった。

当初の予報では「台風は九州を縦断し日本海に抜ける」となっており、「青葉丸」船長は予定航路の前方を台風が通過するために激浪となるとみられ、出航は延期する考えだった。だが、最新の予報では台風は「東に針路を変え四国沖を通過する」と報じられたために、船長は予定航路は多少の余波は受けるであろうが、航行の安全範囲に入ると判断し、高浜港の出航を決めたのであった。

しかし台風は予報に反し、屋久島付近で針路を東に変えることはなく、そのまま北上を続け、九州北部の関門海峡付近に達し日本海に抜ける状況となったのである。「青葉丸」は台風から逸れるどころか台風に向かって進む針路となったのである。

「青葉丸」のその後の様子は明確ではない。「青葉丸」からの連絡は絶えたのである。予定航路から推測すると大分県の国東半島の沖の姫島付近を通過するので、「青葉丸」の捜索が続けられた。そして翌二十一日、操業中の漁船が姫島沖の海上で五名の遭難者を発見し救助したのであった。

周辺海域を探索の結果、「青葉丸」は姫島西端の三石島から三キロの海中に沈んでいるのが発見されたのだ。その後の捜索で「青葉丸」の乗客六九名と乗組員一九名の死亡が確認されたが、乗客二八名と乗組員二五名は行方不明となってしまった。

12 貨物船「辰和丸」消息不明
漂流物がないのは自然の猛威によるものなのか

「辰和丸」は一九三八年（昭和十三年）二月に竣工した新日本汽船社所有の総トン数六三三五トンの大型貨物船である。本船には他に三隻の同型の姉妹船（辰春丸、辰宮丸、辰鳳丸）があるが、それぞれ一九三八年から翌年に台湾航路用の貨物船として完成したのであった。この四隻はもとは辰馬財閥の関連会社である辰馬汽船の所有であったが、戦後の財閥解体により新日本汽船社の持ち船となったのである。

これら四隻は台湾産のバナナの主力輸送船としての設備が整えられており、船尾船倉にはバナナの鮮度を保つために機械通風式の冷蔵装置が設置されていた。

しかし太平洋戦争の勃発とともに四隻は海軍に徴用され、「辰和丸」と「辰鳳丸」は特設運送船に、「辰宮丸」と「辰春丸」は特設敷設艦として運用されることになった。

「辰和丸」は総トン数六三三五トン、載貨重量七九五〇トン、全長一二五・三メートル、全幅一七・一メートルで、最大出力四五〇〇馬力の蒸気タービン機関一基を備え、一軸推進の最高速力は一七・八ノット、航海速力一六ノット（時速約三〇キロ）という高速貨物船であ

辰和丸

った。

そして「辰鳳丸」は米潜水艦の雷撃で戦没し、終戦時には「辰和丸」は呉軍港近辺で機雷に接触して沈没、「辰宮丸」は舞鶴軍港で敵艦載機の攻撃により半没状態にあり、「辰春丸」のみが姉妹船中でただ一隻健在で残っていた。

終戦後、沈没した「辰和丸」と半没状態の「辰宮丸」は、浮揚後に修理を行なえば機関を含め復旧が可能との判定を受けたのである。早速作業が始まり、「辰宮丸」は一九四七年四月に浮揚され、「辰和丸」も一九五〇年八月には復旧し、運行可能となったのである。その直後に日本は講和条約の締結により自国の商船での自由貿易輸送が再開されることになり、この二隻も輸入物資の輸送に活躍を始めたのであった。

その最中の一九五四年五月、「辰和丸」はビルマ（現在のミャンマー）からビルマ産米八〇〇〇トンを搭載し、日本に向かったのであった。

しかし五月十一日に至り、「辰和丸」は南シナ海で消息

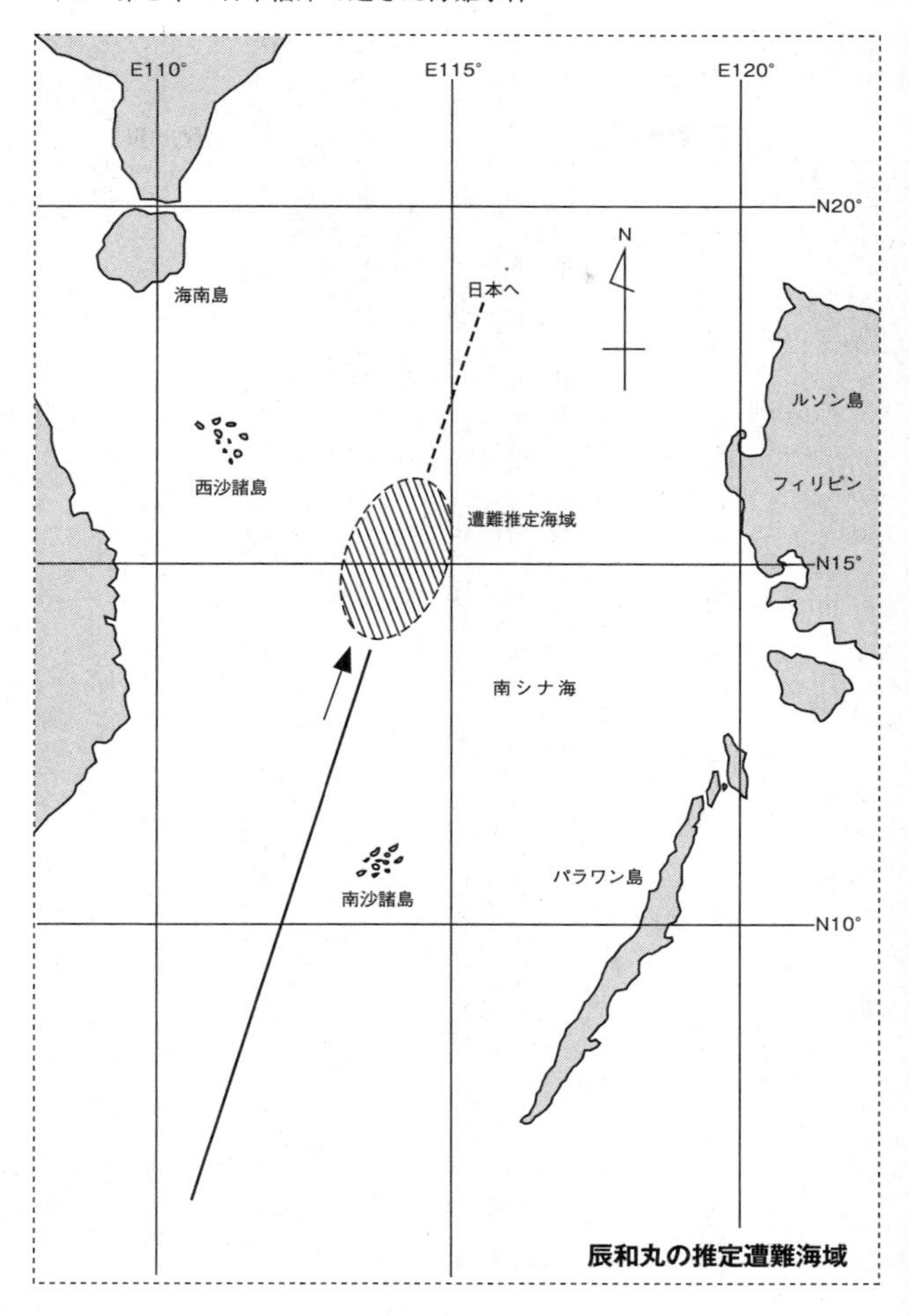
E110°
E115°
E120°
N20°
N15°
N10°
N
海南島
日本へ
ルソン島
西沙諸島
フィリピン
遭難推定海域
南シナ海
南沙諸島
パラワン島

辰和丸の推定遭難海域

を絶ち、行方不明となったのであった。当時この海域では、フィリピンの東方洋上で発生した台風が西進しているところで、「辰和丸」は南シナ海に向かっていた台風の直撃を受けた可能性があった。当時はまだ気象観測が不十分で正確な台風情報を得ることは困難な時代だったのである。

五月十日早朝、新日本汽船社の東京本社の船舶運航管理室に「辰和丸」からの緊急無電が入ったのである。

「猛烈な風波の直撃を受けつつあり」

続いて、「波浪激しく本船は危険な状態にあり」

さらに七時三十分には、「船首側第一船倉、第二船倉、第三船倉と船尾第七船倉のハッチカバーを消失。船倉内に海水が侵入中」との無電が入った。

そしてその直後に「辰和丸」との交信は途絶えたのであった。

「辰和丸」がこのとき報じた自船の位置はフィリピンのマニラ西方約八一〇キロの南シナ海であった。

この猛烈な激浪の発生元は西進中の台風三号によるものと断定された。フィリピン駐留のアメリカ空軍のB29気象観測機の情報によると、五月十日午後三時の台風の中心気圧は九二〇ミリバール（ヘクトパスカル）と観測されている。台風の勢力としては第一級の猛烈な台風であったのだ。

その後天候の回復を待ち、付近を航行中の船舶の協力も得て、さらに日本からも捜索船を派遣し予想される海流に沿って大規模な捜索が行なわれたが、「辰和丸」の痕跡を発見することはできなかった。

この海域では一八八六年（明治十九年）十二月にフランスで建造された日本海軍の巡洋艦「畝傍」が消息不明になっている。当時は船舶無線は開発以前であり、本艦の沈没原因は不明のままとなり、それについては様々な憶測が流れた経緯があった。そのために「辰和丸」についても一時、怪情報が流れたほどであった。これは典型的な海象が原因の悲劇であることには間違いなかったのである。なお同じ頃に、橋本汽船社の貨物船「衣笠丸」（総トン数六一〇〇トン）が、アリューシャン沖で荒天のために沈没している。

13 宇高連絡船「紫雲丸」

本州四国連絡橋実現へ向けての原動力となる

岡山県の宇野駅と四国香川県の高松駅を結ぶ宇高連絡船は海の鉄道ともいえる航路で、日本国有鉄道の運行下にあった。宇高連絡船は旅客ばかりでなく、必要に応じて船内に客車や貨車も搭載することが可能であった。

戦後、一九四八年（昭和二十三年）以降の主力連絡船は「紫雲丸」「眉山丸」「鷲羽丸」の三隻の姉妹船であった。三隻（「紫雲丸」型）はいずれも総トン数一四五〇トンで、一等から三等までの船客を最大一五〇〇名まで運ぶことができ、客車であれば六両、貨車であれば一八両の搭載が可能であった。

「紫雲丸」型は三層の甲板を持ち、上甲板上には線路が配置され、そこに車両を引き入れることができた。船客は上甲板下の第二甲板と最上甲板とその下の甲板の客室に収容された。ただ車両甲板（上甲板）の後端は、車両の出入りが容易なように海に向かって開放されており、激しい追い波を受けた場合には車両甲板に波が侵入してくる可能性があった。しかし波静かな瀬戸内海ではそのような事態は極めて稀として、海水侵入の対策や装置はなかった。

紫雲丸

一九五五年（昭和三十年）五月十一日、「紫雲丸」はこの日の高松港六時四十分発の宇野行上り八便として出港した。このとき「紫雲丸」には乗客七八一名が乗船していたが、その中の約半数は中四国の小中学校の修学旅行の児童生徒と引率教員たちであった。また上甲板の車両甲板には貨車と客車も搭載されていた。

この時刻より早く対岸の岡山県宇野港を高松に向かって、車両運搬専用の連絡船「第三宇高丸」（車両渡船）が下り一五三便として出航していた。

この日の午前五時三十分に高松地方気象台は海上に視界が五〇メートルほどの濃霧の発生を警告していた。「紫雲丸」が高松港外に出た六時五十分頃、船首よりやや右方向から発せられる濃霧中航行を知らせる警戒汽笛が聞こえてきた。時間的にその船は高松港に入港する「第三宇高丸」と断定できた。

濃霧のために視界はほぼゼロと思しく、「紫雲丸」の船長はそのままの直進は危険と判断し、機関室に対し機関停止を

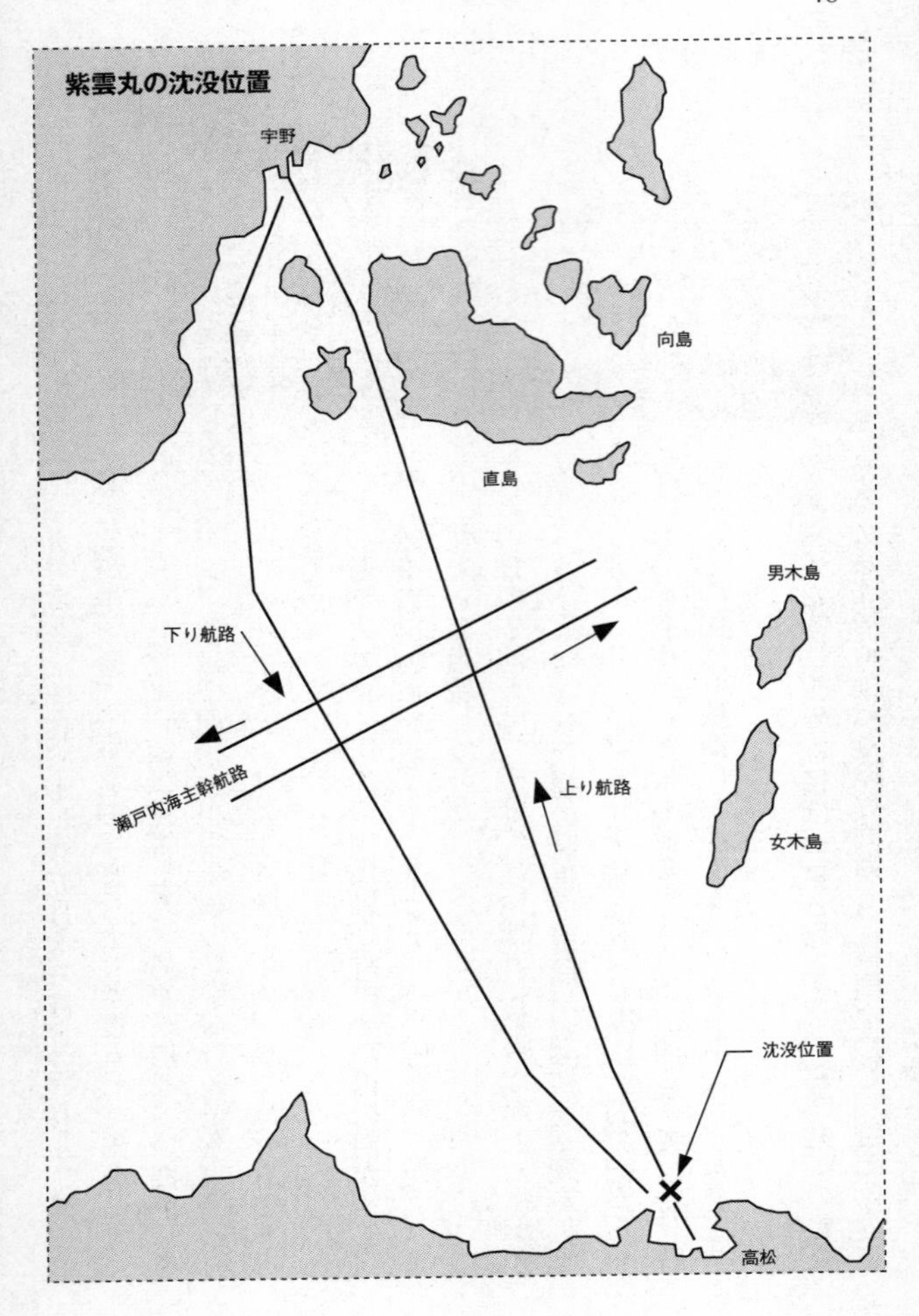
紫雲丸の沈没位置
宇野
向島
直島
男木島
下り航路
瀬戸内海主幹航路
上り航路
女木島
沈没位置
高松

命じ、しばらく相手船の動向を見ることにしたのである。

六時五十五分、「紫雲丸」がまだ惰性で前進しているときに船橋のレーダー画面に針路上に他船の輝点を確認したのであった。輝点までの距離は近く、船長は衝突を回避するために操舵手に対し左一五度転舵を命じた。レーダーの輝点は針路上のやや右側に移ったために、

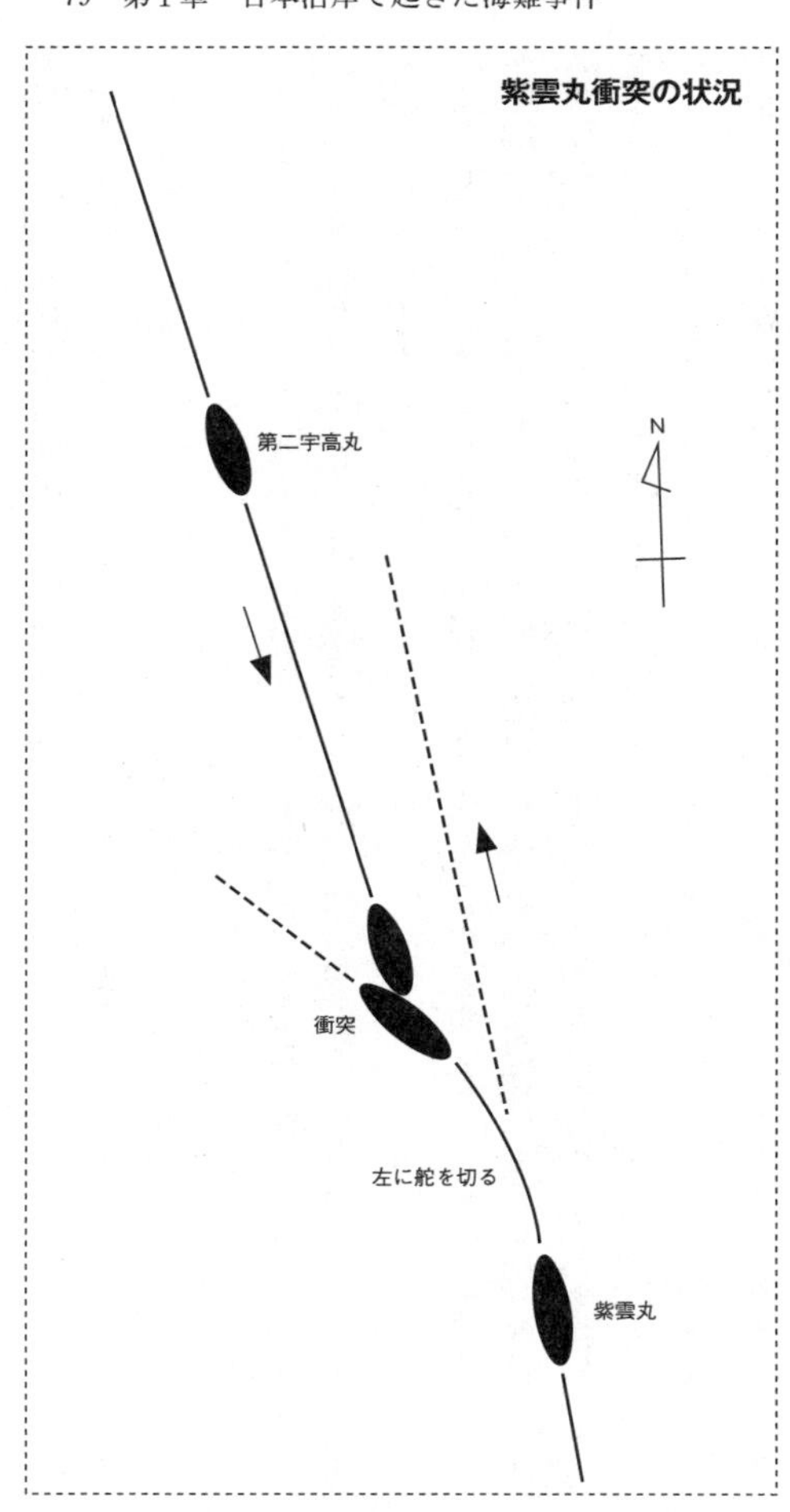

船長はその船は自船の右側を至近距離ですれ違うものと判断した。

するると、船橋の窓から距離およそ一〇〇メートル前方の霧の中から接近してくるおぼろげに見える船を確認したのであった。回避するには遅すぎたのである。船の舵の利きは車のように急速ではないのである。

その直後、その船は「紫雲丸」の右舷中央部の舷側に激突した。衝突の直後、相手船（すでに「第三宇高丸」であることは確認できていた）は、「紫雲丸」から離れることなく船体を押し続けたのであった。

その後の「第三宇高丸」の船長の談話によると、この動作は「第三宇高丸」が「紫雲丸」から離れると、衝突によって生じた破壊個所から海水が船内に急速に流れ込み、沈没を早める危険性があり、二隻を連結し、「紫雲丸」の乗客を少しでも多く「第三宇高丸」に移動させようとする方策であったのである。

しかし「第三宇高丸」の船長の思惑どおりとはならず、「紫雲丸」は「第三宇高丸」に押し続けられたために急速に左舷に傾き横倒しとなり、間もなく沈没したのであった。

この事故により、「紫雲丸」に乗船していた乗客と一部乗組員合わせて一六八名が犠牲となった。そしてその中には修学旅行を楽しんでいた小中学生と教師たち一〇八名が含まれていたのである。犠牲となった多くが女の子であった。彼女たちは目前にある「第三宇高丸」の甲板にとび降りることを怖がり、あたら若い命を失ったのであった。

14 青函連絡船「洞爺丸」

北海道と本州をトンネルでつなぐ構想は戦前から

青函連絡船「洞爺丸」の沈没事件は一九五四年（昭和二十九年）九月二十六日に起きた。沈没による犠牲者は一一五五名の多数に上り、日本の海難史上、最大最悪の悲劇となったのである。

本州と北海道は青森と函館の間を日本国有鉄道の青函連絡船で結ばれていた。青函連絡船は一九〇八年（明治四十一年）に開通している。この航路は当初は旅客だけの輸送であったが、その後旅客と同時に貨車や客車も乗せて運ぶ鉄道連絡船へと発展したのであった。

太平洋戦争末期の一九四五年七月に米海軍機動部隊の艦載機が青森と函館を集中攻撃し、青函連絡航路は壊滅状態となった。これに対し国鉄は一九四七年から翌年にかけて四隻の新しい大型車載客船を建造し、青函連絡航路の貨客輸送の回復を図ったのであった。このとき建造された連絡船の一隻が「洞爺丸」であった。

「洞爺丸」は総トン数三八九三トン、全長一一九メートル、全幅一六メートル、タービン機関による最高速力は一七・五ノットを発揮し、青函航路の航行四時間を堅持することになった。姉妹船（「洞爺丸」型）として「羊蹄丸」「摩周丸」「大雪丸」の三隻があった。「洞爺丸」は一等・二等・三等船客合計一九三二名を収容し、他に車両甲板に貨車一四両あるいは客車七両を搭載した。

船体の基本構造は先代の「松前丸」や宇高連絡船の「紫雲丸」と同様で、上甲板は車両が搭載可能な線路敷きの甲板で、上甲板下には三等客室が配置され、車両甲板の上には一等・二等、そして一部三等客室が配置されていた。

車両甲板の船尾端は海に向かって開口されており、車両甲板への波の侵入を防ぐ特別の装置は設置されていなかった。これは津軽海峡で激浪が発生することは稀であり、そのようなときは連絡船の運航を休止するために、複雑な構造になる車両甲板後部の閉鎖装置は設けていなかったのである。

青函連絡船「洞爺丸」の沈没については、犠牲者の多さや遭難の特異性、さらに一隻の大型船の衝撃的な損失などから、その原因や事故内容についてはすでに様々に紹介されているので、ここでは船の構造上から見た概要について述べてみたい。

「洞爺丸」級の四隻の連絡船は極度の物資不足の中で至急に建造された大型船としては、極めて上質な造りであった。この船は用途のために構造も特異で、船の総トン数に対し外形上の耐風圧面積は同じ規模の船の二倍以上もあった。つまり横風の影響を受けやすい外形となっていたのである。

洞爺丸

また「洞爺丸」船尾の車両の取り扱いが開口構造になっていることも、一般船舶と大きく異なっていた。本船の場合、船体が横方向に四〇度傾けば海水は船尾の車両搬入出口から船内に浸入する危険性が極めて大きかったのである。しかもその海水はたちまち車両甲板直下の機関室や乗組員室、さらには一部の三等客室に浸入する可能性があった。このために「洞爺丸」型連絡船は津軽海峡方面が荒天の場合には、ただちに運航中止の措置がとられていたのである。

一九五四年九月二十三日にフィリピン東方で熱帯性低気圧から台風に発達した台風一五号は、九月二十六日の午前二時には九州の南端に上陸した。このときの勢力は九六八ミリバール（ヘクトパスカル）で、中心付近の最大風速は四〇メートルを記録していた。そしてこの台風がきわめて特徴的だったのは時速一〇〇キロという韋駄天台風であったことである。

二十六日の午前八時には台風一五号は早くも島根県から日本海に抜けてしまった。ところが現在と異なり気象衛星や気象観測用のレーダーなどがなかった時代であったため、日本海に抜けた台風の情報はまったく分からなかったのである。

中央気象台もその後の台風の動静が不明であるために、長い時間にわたり情報の空白が続いたのであった。この台風情報の不達が「洞爺丸」事件発生の引金となったのであった。

「洞爺丸」は二十六日の午前六時三十分に青森を出港し函館に向かった。海上は多少の荒れ模様であったが、航海の安全を左右するほどの時化ではなかった。そして「洞爺丸」は定刻に約五分遅れて午前十一時五分に函館港に到着した。「洞爺丸」はその後、午後二時四十分発の青森行き便として出港の予定であった。

この日の正午の天気予報によれば、「台風一五号は今夕東北地方北部から北海道にかけての日本海側を通過する見込み」となっていた。

この情報に対し「洞爺丸」の船長はこれまでの経験から、「北海道に近づくと台風は勢力も衰える。風速二〇から三〇メートルの風は吹くであろうが、津軽海峡の冬の強い季節風のことを考えれば珍しいことではない。定刻午後二時四十分に出航すれば、何とか陸奥湾内に達することができ、大きな風浪の影響を受けないですむであろう」と判断していたのだ。

「洞爺丸」は午後二時四十分に出航の予定であったが、午後一時二十分に同じく函館港を出港し青森に向かった貨客連絡船「第十一青函丸」（総トン数三一四三トン）が、防波堤を過ぎ津軽海峡に出たとたんに激しい風波を受け、その先の航行を断念し、午後二時四十分に岸壁に緊急着岸したのであった。

このために本船に乗船していた旅客一七六名（母国帰還のために東京へ向かう米軍将兵とその家族も含まれていた）が、「洞爺丸」に乗り換えることになったのであった。

そしてこの間の遅れや岸壁と船を繋ぐ可動橋の故障なども影響し、「洞爺丸」の出航が予定より遅れてしまったのであった。

また天候の様子から台風の接近が危惧され、船長は出航時間を見合わせることにした。すると午後五時十五分頃から雨が上がり風も止みだしたために、船長は台風の目に入ったものと考えたのである。そして一時間もすれば台風の目は過ぎ去り、しだいに天候は回復すると判断し、「洞爺丸」の出航を午後六時三十分とした。

「洞爺丸」は出航予定時間を大幅に過ぎた午後六時三十九分に函館桟橋を離れた。しかし、本船が函館港の防波堤を出た頃から、急に風が強まり出したのであった。船橋上の風速計は四〇メートルを記録したのである。船長は海峡横断は危険と判断し、その場で船首の左右両舷側の錨を投じることにした。

後に判明したことであるが、まさにこの時刻に台風は津軽海峡の西方を北上中であったのだ。後の解析で分かったことだが、午後五時過ぎの突然の天候の回復は、台風接近時に現われる特殊な気象状況の一つであった。船長はこれを台風の目（急な晴天と無風状態が出現する）と判断したと推測される。

午後八時、強風は収まるどころか勢いを増し、船体の側面積の大きな「洞爺丸」は台風通

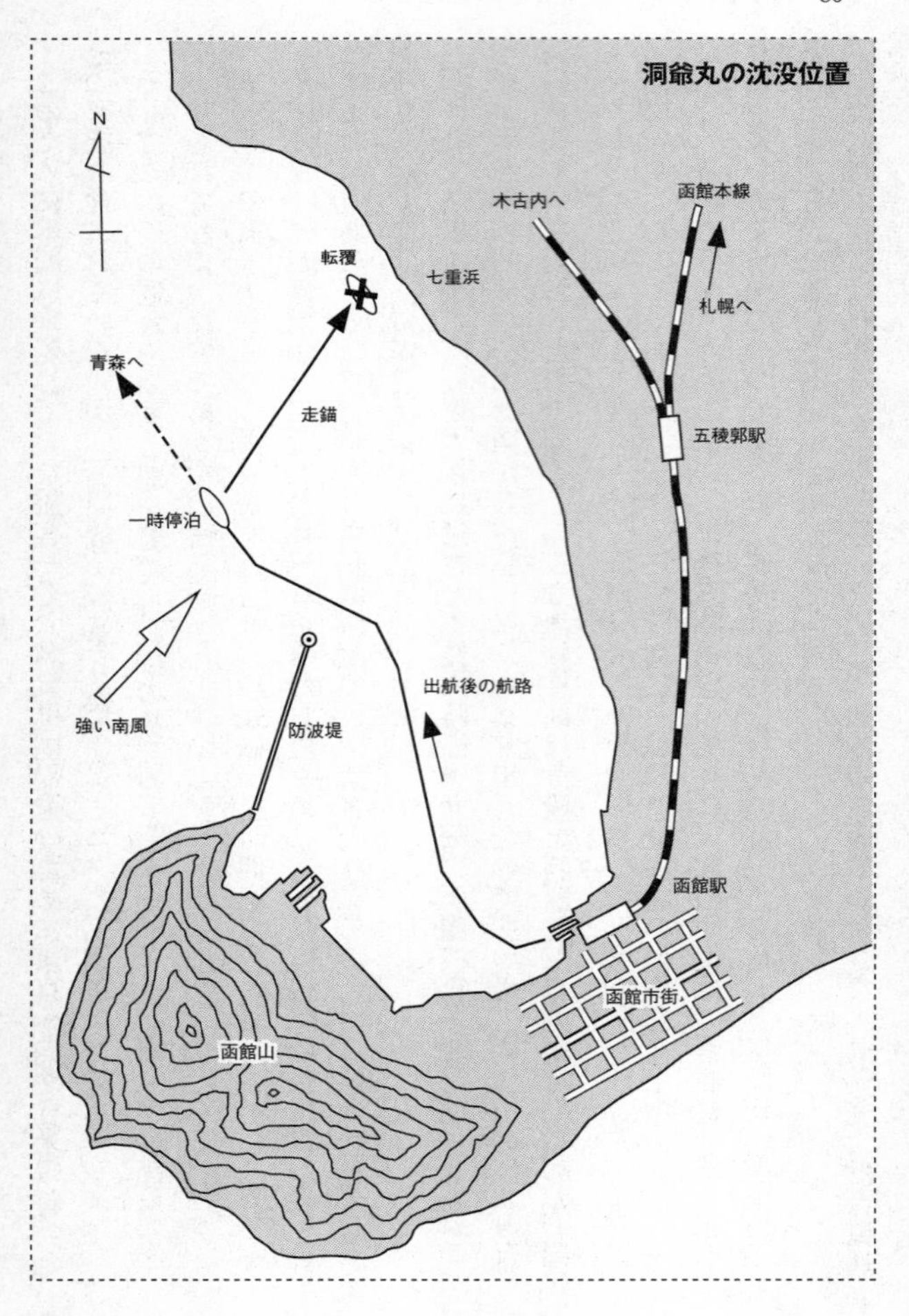
洞爺丸の沈没位置
N
木古内へ
函館本線
転覆
七重浜
札幌へ
青森へ
走錨
五稜郭駅
一時停泊
出航後の航路
強い南風
防波堤
函館駅
函館市街
函館山

過直後の強い南風に押され、近くの海岸（七重浜）に向かって走錨（錨が効かない状態）を始めたのである。そして側面からの激しい風のために右舷への傾斜が増し、船尾の開口部分からつぎつぎと船内に海水が流れ込み始めたのであった。

午後十時十分、機関室への海水の流入でボイラーと機関が停止した。船橋上の風速計は五八メートルを記録した。

輸送指令室には「洞爺丸」から危険を知らせる無線電話が頻繁に飛び込んできたのだ。船長はこのとき乗客の救命胴衣の着用を航海士に命じている。激浪により「洞爺丸」の船体の傾斜は三〇度を超えていた。

午後十時三十九分、「洞爺丸」は輸送指令室に対し「防波堤の青灯より二八七度、一五〇〇メートルの位置で座礁」と打電した。午後十時四十四分、輸送指令室から「洞爺丸」に問い合わせをしたが、返答はなかった。

「洞爺丸」は午後十時四十三分頃、右舷に大きく倒れこみ、そのまま横倒しとなり沈没したのであった。場所は函館市街から遠くない七重浜の沖合約七〇〇メートルであった。

このとき、激しい風波のために函館港周辺では「洞爺丸」以外に四隻の車両運搬専用連絡船が転覆し、乗組員合計二七五名の命が失われたのである。そして「洞爺丸」の乗客と乗組員の犠牲者数は船長を含め一一五五名であった。

その後「洞爺丸」の代替船として、一九五七年により大型の「十和田丸」（総トン数六一四八トン）が完成した。本船では「洞爺丸」の教訓から、船尾の車両搬入出口は完全密封式となった。また「洞爺丸」の姉妹船三隻も船尾開口部は一部密閉式に改造された。「洞爺丸」の惨事はその後、青函トンネルの建設を促進することになり、事件から三四年目の一九八八年（昭和六十三年）三月十三日に一番列車が通過したのである。

15 紀阿連絡航路の客船「南海丸」

想定外の天候に遭遇し生存者は皆無

「南海丸」は南海汽船社（現在の南海フェリー社）の和歌山港と四国の徳島県小松島港を結ぶ航路に就航する連絡船である。一九五六年（昭和三十一年）に建造された「南海丸」は、小型ながら均整の整った大変に美しい外観の船であった。本船の旅客定員は二等と三等船客のみで合計四七〇名である。

「南海丸」は総トン数四九四トン、全長五一メートル、全幅八・一メートルの大きさで、主機関は最大出力一〇四〇馬力の強力エンジンで最高速力一五・一ノットの高速を発揮した。これは運行航路が有名な鳴門海峡に接近しており、潮流の影響への対策であった。

本船は一九五八年一月二十六日、午後一時五十四分発の下り二便として和歌山港を出港した。そして午後四時二十三分に小松島港に入港し、引き続き折り返しの和歌山港行きの便となる予定であった。

入航直前の午後四時二十分頃、南海汽船社の和歌山営業所からの無線電話が鳴り、午後四時の和歌山地方気象台の最新気象通報を知らせてきた。

それによると「低気圧が東シナ海から対馬海峡方面に向かって進んでおり、対馬海峡を通過後は東に向かって進む模様。淡路島南方の海上は明朝より南の風が強まり、天気は雨、明朝には風は強い西風に代わる模様。本日の淡路島南方海域は風速一〇乃至一五メートルの南の風強く、天気は雨」であった。

徳島地方気象台発表の天気予報も和歌山地方気象台とほぼ同じであったが、「今夜半前から南の風が強まり、明朝にかけて海上は風速一〇乃至二〇メートルの強風が吹く模様」と和歌山気象台より風速が強まることを示唆していた。

この情報を確認した「南海丸」の船長は、現時点では航行は可能と判断して、定時の午後五時三十分に「南海丸」は小松島港を出港した。

このときの「南海丸」の乗客は一三九名で、他に多少の郵便物と小荷物が積み込まれていた。ただし強い波で受ける動揺を減らすために、船長は船首と船尾のバラストタンクに海水を注入し、船体の重心を下げる用意をしていた。

この連絡船の航路はほぼ東西に延びる全長約五〇キロで、淡路島の南約一〇キロ沖を通る航路になっていた。

淡路島の南約五キロのところには沼島という島があり、航路は沼島の沖合約五キロを通るようになっていた。連絡船の多くの船長は、航行中に南風が強まった場合には風を避けるために、多少の遠回りにはなるが沼島の北側（淡路島の南岸に近い位置）を通るコースを選ん

南海丸

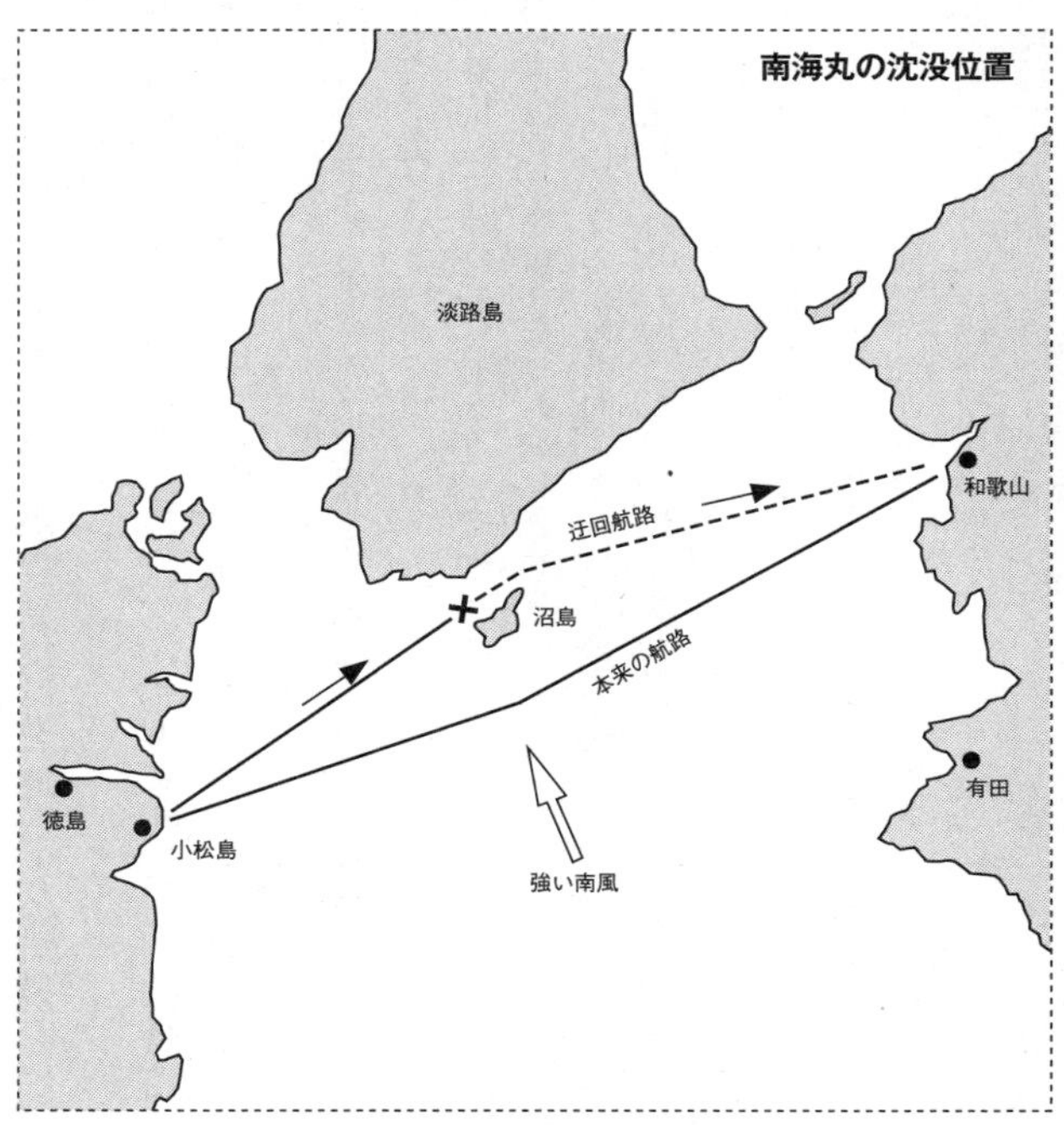

でいた。ただこのコースを選んだ場合には多少の時間がかかるために、通常より速力を上げて運行していた。

午後六時二十八分、南海汽船和歌山営業所の無線電話が鳴った。「南海丸」からの緊急電話である。内容は「南海丸危険。南海丸ＳＯＳ」が一〇回繰り返され、そして電話が途切れたのであった。

南海汽船社の和歌山営業所は事態を徳島営業所に連絡すると同時に、第五管区海上保安本部に急報し、救助の要請を行なった。

和歌山営業所からはただちに同社の連絡船「わか丸」を推定現場に派遣した。しかし遭難されたと思われる海域では「南海丸」を示す何物も発見されなかった。

しかし二日後の二十八日に至り、沼島の南西端四・六キロ、水深四〇メートルの海底に、横倒しになった「南海丸」が発見されたのであった。そして潜水調査により、乗船していた乗客一三九名と乗組員二八名の遺体が船中で確認された。

「南海丸」は風速一五乃至二〇メートルの横風を受けて転覆したものと当初は考えられていたが、その後の調査で沈没の原因には思わぬ落とし穴があったことが判明したのである。

「南海丸」が出航する前に瀬戸内海の中部で日本海を通過する低気圧の影響で発生した副低気圧が発生していたことが判明、本船は二つの低気圧の影響を受け想定外の強い南風（風速三〇メートル以上）を受けた可能性があったのである。

沈没した「南海丸」は引き揚げられ、改修の後は「なると丸」と改名されて同じ航路で連絡船として運航を続けていた。そして一九七四年にフィリピンの海運会社に売却され、同国内の多島海域の旅客輸送に活躍したのである。

16 大型貨物船「ぼりばあ丸」「かりふぉるにあ丸」

巨大な波のおそるべき威力とその後の対策

一九六九年（昭和四十四年）と翌一九七〇年に、本州東方洋上で日本の海運会社の三万三〇〇〇総トン級の二隻の新鋭の大型貨物船が荒天のために立て続けに沈没するという事件が発生した。

ばら積み大型貨物船「ぼりばあ丸」の沈没

「ぼりばあ丸」は一九六五年九月十三日に完成したジャパンライン社が所有する、ばら積み（撒積）専用貨物船で、石炭や鉱石など五万四〇〇〇トンの搭載が可能な総トン数三万三七六八トンの大型船である。本船は全長二二三メートル、全幅三一・七メートル、主機関は最大出力一万五〇〇〇馬力のディーゼル機関で、一軸推進による最高速力は一五・九ノットであった。

本船は日本が巨大ばら積み貨物船の建造を開始した初期にあたる船で、より大量の原料を海外から効率よく運ぶことを念頭に造られていた。

「ぼりばあ丸」は一九六八年十二月十日、南米ペルーのサン・ニコラス港で五万四〇〇〇トンの製鉄原料のペレット（微粉状の鉱石を固めたもの）を積み込み日本に向かった。

「ぼりばあ丸」はそれまでの鉱石運搬船とは大きく異なった構造をしており、その後の巨大ばら積み船の基本形状ともなった貨物船であった。大型船であるが、いわゆる船尾機関室型船型を採用し、船橋を含めた乗組員居住設備や機関室のすべてが船尾に集中配置され、船体中央から船首にかけては巨大な容積のばら積み専用船倉になっていた。本船の場合はこの船倉は五つの区画に仕切られており、荷崩れが起き難い構造となっていた。

一九六九年一月三日、「ぼりばあ丸」は日本に接近していた。しかしこの頃から海上はシベリアからの強い高気圧の影響を受けて北西の風が強まり、うねりはしだいに増していた。本船は高さをつのらせる前方からのうねりに対処するために、それまでの一三ノットの速力を七・五ノットまで減速した。このために目的地の川崎港への到着が六日になることを会社あてに無線連絡した。

五日になり、強風はかなり収まったが、それでも船橋の風速計は一七〜二〇メートルを記録した。波浪も前日よりは穏やかなようではあったが、まだかなりの高さのうねりが見られた。この日の午前八時に、船体の動揺が収まり始めたので速力を九ノットに増速した。このときの本船の位置は房総半島突端の野島崎灯台の東南約五二〇キロであった。風速は西北西一〇メートル、波高八メートルと観測されている。

ぼりばあ丸

ところが午前十時三十六分、「ぼりばあ丸」の第二船倉の直前から先が突然、切断されて波間に消えたのである。

船橋でこの状況を目撃した船長は、ただちに船内放送で「船首が波で切断された。船首浸水。総員ただちに緊急時の配置につけ！」と命令し、機関室に対しては、機関停止を伝えたのである。

これは船が進むことにより、激浪で第一船倉と第二船倉の間の隔壁が破壊されることを防ぐための処置であった。隔壁が破壊されれば第二船倉が破壊されてさらに切断、船倉はつぎつぎに破壊され、船体が沈没する危険があるとみられた。

この命令に続き、船長は「救命艇降下用意。総員救命胴衣を着用！」と放送した。そして通信士に対しては、つぎのように発信を命じたのだ。電文の内容は「こちら、ぼりばあ丸。激浪で船首欠落。沈没の危険性あり。救助乞う」であった。

この無電は横浜の第三管区海上保安本部で受信されたが、「ぼりばあ丸」に近い位置を航行中の飯野海運社の貨物船「健島丸」（八八五三総トン）も受信した。同船はただちに現場海域に直行したのである。

「健島丸」は「ぼりばあ丸」に対し「ただちに救助に向かう」と打電した。それから一時間後の午前十一時過ぎ、「ぼりばあ丸」からは「健島丸」の船影を確認したのであった。この救難信号は三隻の船舶でも受信され、それらの船もただちに遭難現場に向かったのである。

そして「健島丸」が「ぼりばあ丸」に向かっている最中に、「ぼりばあ丸」の二番船倉が三番船倉との境で切断され沈んでいったのであった。これに対し「ぼりばあ丸」船長は「救命艇降下用意」を命じたが、周辺の海上は荒れており、安全を図るために救命艇への乗艇は救助船が至近の位置まで接近するのを待ち、それから降下する考えであったようである。

ところが「健島丸」が約九〇〇〇メートルまで接近したとき、「ぼりばあ丸」は突然、逆立ちをするように船首を海中に向け、直立の姿勢をとると、そのまま垂直に波間に没してしまったのであった。巨大船の驚くべき沈没の様相であった。

「健島丸」は現場海域でただちに乗組員の救助を行なったが、巨大なうねりの中での作業は難航を極めた。助けられたのは二等機関士と司厨員の二名のみであった。船長をはじめ残る三一名の乗組員は行方不明となったのである。

救命艇への乗艇を待っていた乗組員は突然の船の逆立ちにより救命艇を降下することができず、全員が激浪の海に投げ出されたのであった。

「ぼりばあ丸」はこのとき五つの船倉の中の第一船倉、第三船倉、第五船倉にペレットを搭載し、第二および第四船倉は空の状態であった。

本船が竣工した頃、日本海事協会は従来の検査規定にあてはまらない大型ばら積み貨物船に関しては、明確な規定がない代わりに暫定的な例外規定を設け、巨大船の建造を認めていたのであった。「ぼりばあ丸」の船体の折損事故は、まさにその隙を衝かれた事故であったといえる。

その後、大型ばら積み貨物船の設計・建造に際しては、船倉数の増加や船体強度の増強など多くの改良が実施されて現在に継続しているのである。

ばら積み大型貨物船「かりふぉるにあ丸」の沈没

「ぼりばあ丸」の沈没事件が起きた一年後の一九七〇年二月九日、再び大型ばら積み貨物船が、「ぼりばあ丸」の沈没位置に近い海域で似たような海象の中で沈んだ。そして乗組員二九名の中の五名が犠牲となった。

「かりふぉるにあ丸」は第一中央汽船社が一九六五年九月二十五日に建造した、総トン数三万四〇〇〇トンの鉱石運搬船である。全長二一八メートル、全幅三二・二メートルの船体は「ぼりばあ丸」とほぼ同じ規模である。主機関は最大出力一万七〇〇〇馬力のディーゼル機関で、一軸推進による最高速力は一七・六ノットを発揮した。

「かりふぉるにあ丸」は一九七〇年一月二十四日、ロサンゼルス港で「ぼりばあ丸」と同じく鉄鋼原料のペレット五万九二〇〇トンを満載し、和歌山県の製鉄所に向かった。

かりふぉるにあ丸

二月九日の午前十時頃、「かりふぉるにあ丸」は房総半島の野島崎灯台の東方約三七〇キロの地点を西に向かって航行していた。この日の海上は前日に北海道南部の海上を通過した低気圧にともなう前線が、本船が航行中の海上を通過中で、風速一五乃至二〇メートルの強風が吹き荒れ、波高は平均六メートルで、ときには一〇メートルに達する巨大な波も観測されていた。

夜に入り午後十時半頃、それまでよりもはるかに大きな波が「かりふぉるにあ丸」の左舷船首に襲いかかったのだ。この巨大な波の直撃を受けた左舷船首の外板が破壊され、大量の海水がペレット満載の一番船倉に浸入してきたのである。本船は「ぼりばあ丸」の教訓から船倉は五区画から六区画に区分されていた。

「かりふぉるにあ丸」はこの事態に、ただちに最寄りの第三管区海上保安本部に緊急事態発生を知らせたのであった。この無電は付近を航行中の二隻の貨物船も受信していた。川崎汽船社の貨物船「えくあどる丸」とニュージーランド船籍の貨物船オーテアロア（AUTEALOA）であった。

両船は十日の夜十時頃に現場に到着すると、ただちに「かりふぉるにあ丸」に向けて照明灯を照射した。そこには船首を海中に沈めた左舷に傾い

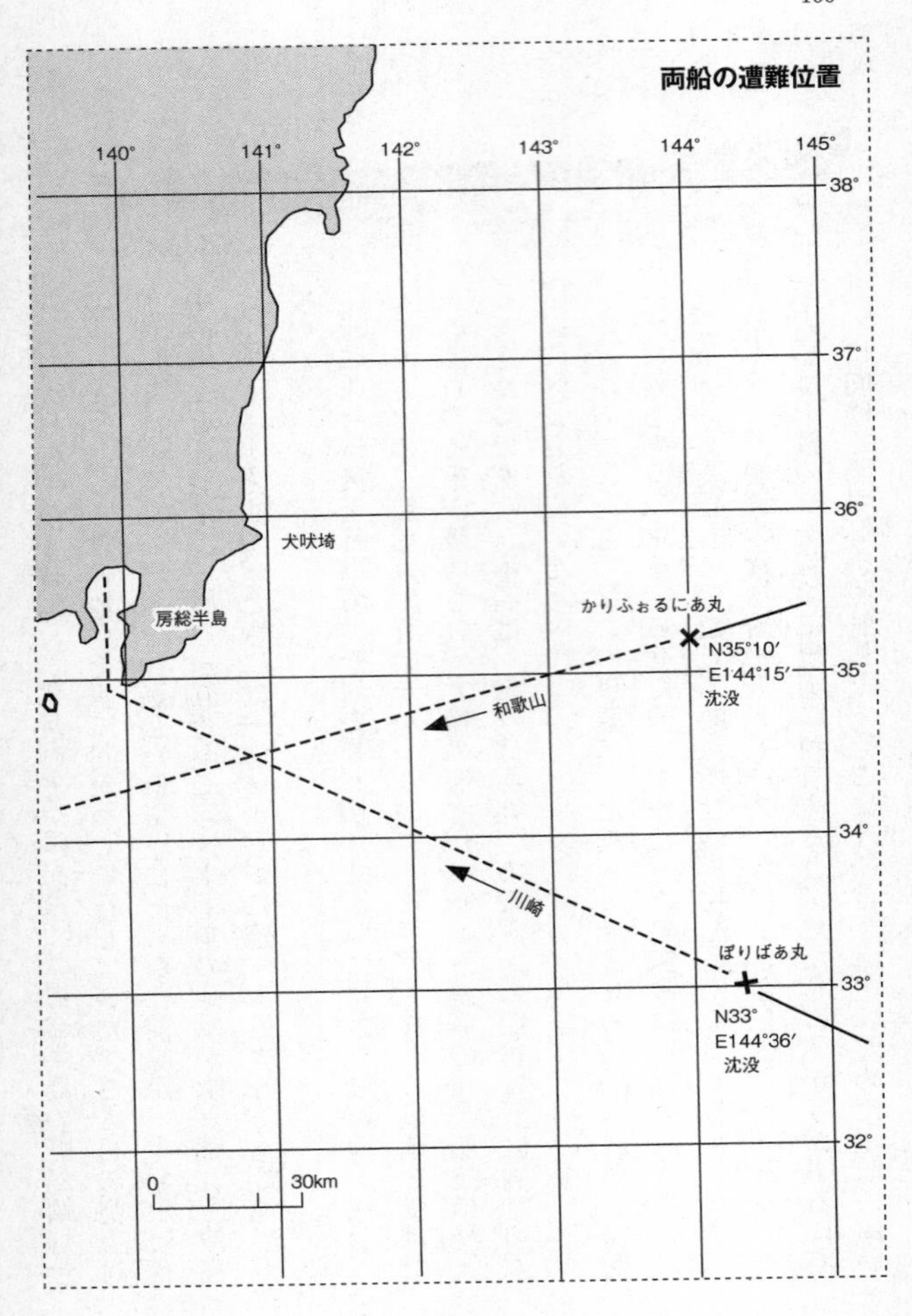

両船の遭難位置
140°
141°
142°
143°
144°
145°
38°
37°
36°
35°
34°
33°
32°
犬吠埼
房総半島
かりふぉるにあ丸
N35°10′
E144°15′
沈没
和歌山
川崎
ぼりばあ丸
N33°
E144°36′
沈没
0
30km

た沈没寸前の「かりふぉるにあ丸」が現われたのである。

間もなく横田基地から飛来した米空軍の救難機が飛来し、上空から照明弾を投下し、周辺海域を照らしたのであった。

この明かりのもとで「かりふぉるにあ丸」から三隻の救命艇と一個のライフラフト（救命筏）が降下・投下された。しかし巨大な波のために転覆する救命艇もあり、数人の乗組員は海面に投げ出されたのであった。「えくあどる丸」とオーテアロアの乗組員の必死の救助作業により二四名が救助された。

「ぼりばあ丸」と「かりふぉるにあ丸」二隻の大型ばら積み貨物船の連続海難事故は、いずれも巨大な波による船体の損壊が直接の原因となった。そして大型船の建造に際しての鋼材の強度、設計基準、溶接技術の改善など多方面への改定が求められることになり、以後の大型船、超大型船の建造への試金石となったのであった。

第2章　海外で起きた海難事件

1　記録に残る古い事件

王族から歴史に残る船乗りまで

海外においても、とくに大航海時代以前の古い海難事件に関する記録は極めて少ない。その中においてまれにではあるが海難に関する記述が見つかることがある。それでも船の規模や航海の過程など詳細な記述はない。いずれにしてもかつて極めて重大な海難事故が生起していたことを証明する例として貴重である。

コグ船ブランシュ・ネフ

中世の北ヨーロッパ（現在のドイツ、ポーランド、デンマークなど）では、当時発展を始めたハンザ同盟の主力帆船として一本マストの「コグ型帆船」が就航していた。このコグ型帆船はバルト海方面からイギリス海峡を越え、イベリア半島を迂回して地中海に達する交易航路を展開していた。この船は、その後地中海型の縦帆式帆船に影響をあたえ、横帆式帆船（キャラック船、キャラベル船、ガレオン船など）の発達を促したのである。

フランスの北方型コグ船ブランシュ・ネフは、一一二〇年十一月、ノルマンジーのバルフ

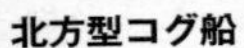

北方型コグ船

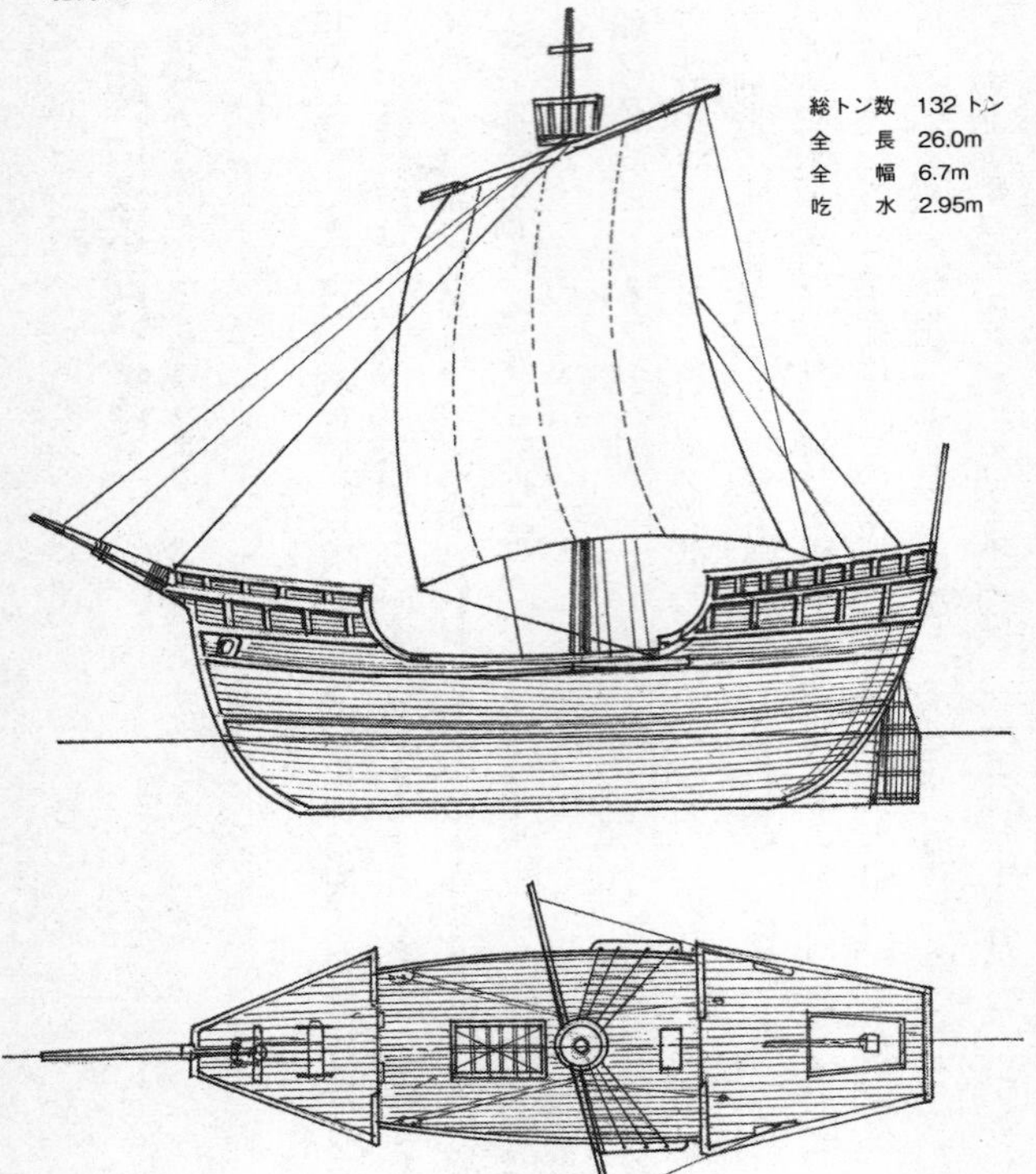

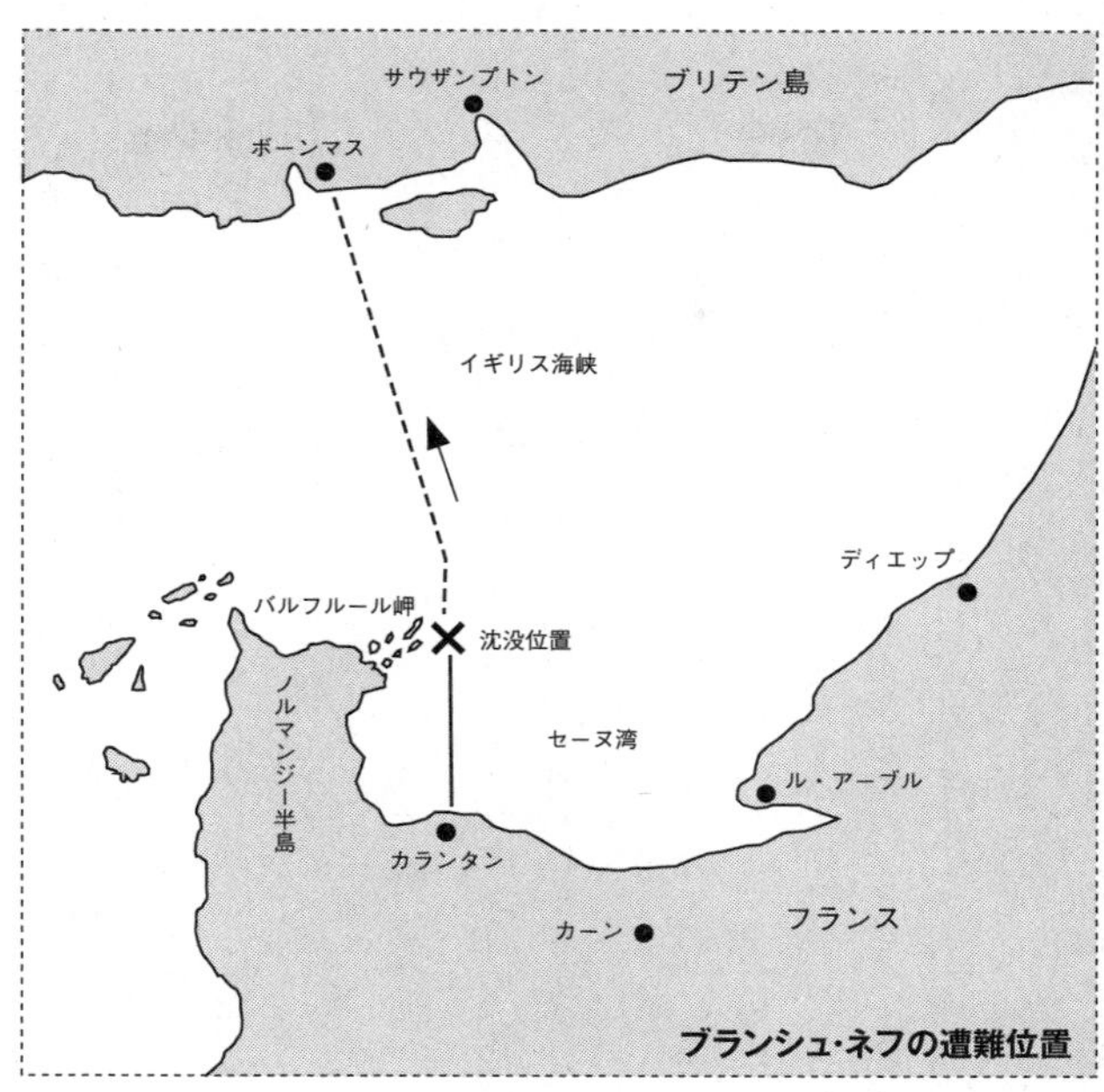

ブランシュ・ネフの遭難位置

ルール港を出港した。行く先はイギリス海峡を挟んだ対岸イングランドであった。本船には多くの乗客が乗っていたが、その中の一人が時のイングランド国王ヘンリー一世の子息（次期国王）ウィリアム王子であった。

出航後まもなく半島のバルフルール岬に差しかかったが、この周辺は岩礁が多いところで船舶の航行には十分な注意が必要であった。

船が岬を出たときに天候が急変し、ブランシュ・ネフは強風と潮に流され付近の岩礁に乗り上げてしまった。コグ船は硬い樫の厚板で作られてはいるが、まだ構造的に脆弱な本船は大きく破壊され、乗船者の大半が犠牲になった。その中には国王の子息も含まれていたのである。

中世のヨーロッパは厳格なキリスト教主導の世の中であり、大自然の力や原理を解明することは神を冒瀆するものとされていた。海難も自然の摂理として人は甘受しなければならない時代で、そうした原因の究明などは憚られたのであった。

ヴァイキング船セシリアの船

事件は一二四八年に起きた。イギリス・ブリテン島の北西沖に浮かぶヘブリデーズ諸島の領主で、かつてスコットランドの国王だったハロルド王の元にノルウェーのハーコン国王の王女セシリアが輿入れしていた。

この年、王妃は母国ノルウェーに里帰りするために、大勢の高官とともに大型のヴァイキング船に乗り北海をベルゲンに向かったのである。全行程は七二〇キロにおよぶものであった。ヴァイキング船は帆走と人力で航行する大洋の航行も可能な船である（すでにヴァイキングはノルウェーからアメリカ大陸東岸までヴァイキング船で渡り、入植もしていた）。

船は途中でブリテン島の北の沖に点在するオークニー諸島を経由して、その北方にある行程の中間点のシェットランド諸島の南端に達したとき、不運にも激しい暴風に見舞われたのであった。

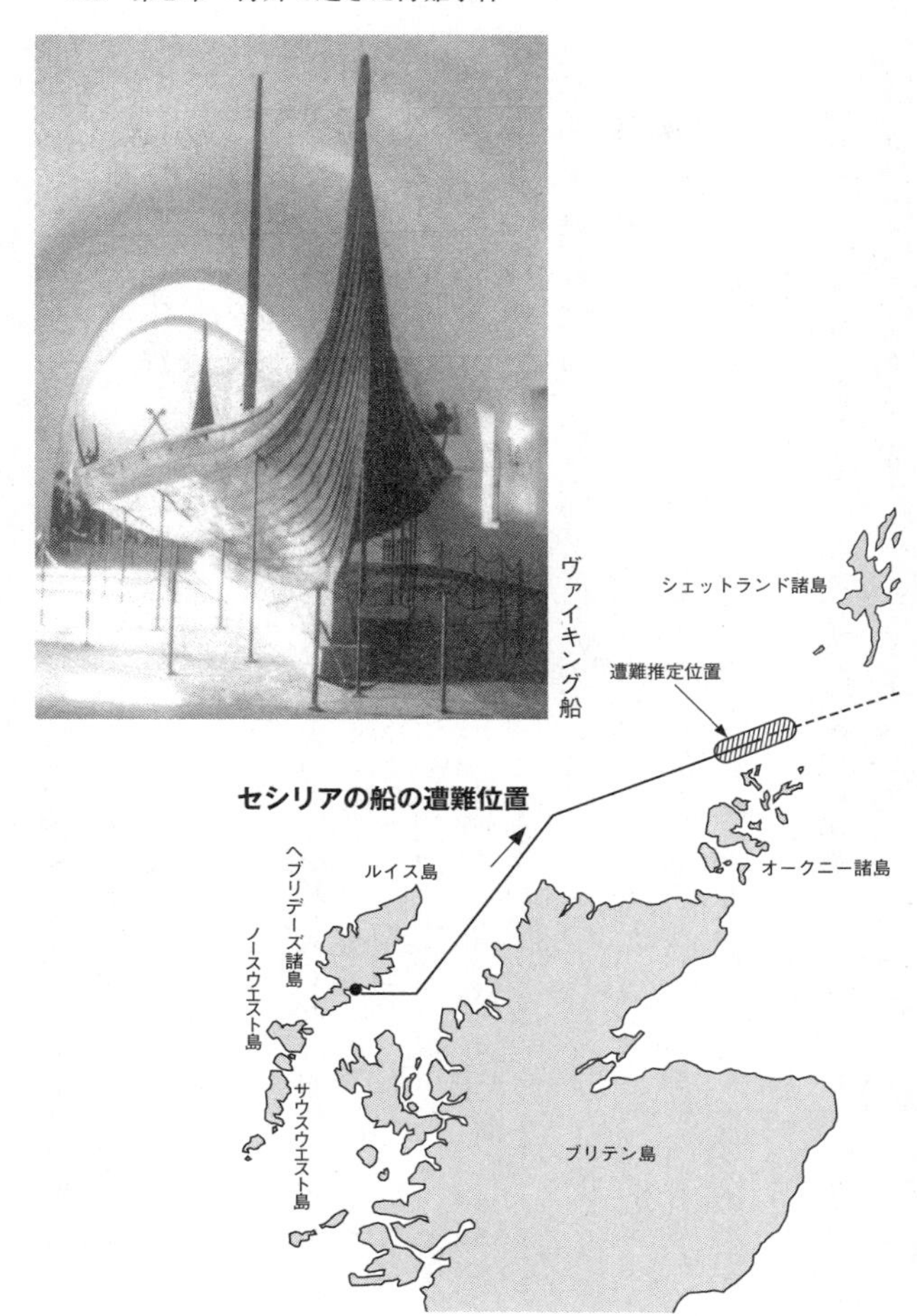
セシリアの船の遭難位置
シェットランド諸島
遭難推定位置
オークニー諸島
ルイス島
ヘブリデーズ諸島
ノースウエスト島
サウスウエスト島
ブリテン島

ヴァイキング船

王妃の乗船していた船と随伴の高官が乗っていた船は遭難したのだ。乗船していた船や積み荷の残骸がシェットランド諸島やオークニー諸島の海岸に打ち上げられたのが後に確認された。乗船者全員が遭難したのである。

コロンブスの遭難

コロンブス（クリストファー・コロンブス）が大西洋を横断したときの船サンタ・マリアは、コグ船と地中海型船とを合わせた姿のキャラベル船であった。三本マストではあるが、排水量はわずか五一・三トン、全長二三・六メートルの小型の船であった。

彼はこの船を指揮して大西洋中部を横断しカリブ海に到達、周辺に点在する島の中の一つサンサルバドル島（ワットリング島）に上陸した。この事実が後に、コロンブスがアメリカ大陸を初めて発見したことになってしまったのである。

彼は他により小型の帆船ピンタとニーニャの二隻を随伴したが、サンタ・マリアは現在のハイチ島周辺を調査中に未知の暗礁に乗り上げ全損したとされている。典型的な座礁事故であるが、彼の著したとされる『コロンブス航海記』には、その記述は少なく、事故の実態は不明である。

コロンブスはその後、随伴のニーニャに乗り込み、翌年無事に帰国している。彼の遭難がいかなるものであったのかを詳しく知りたいところである。

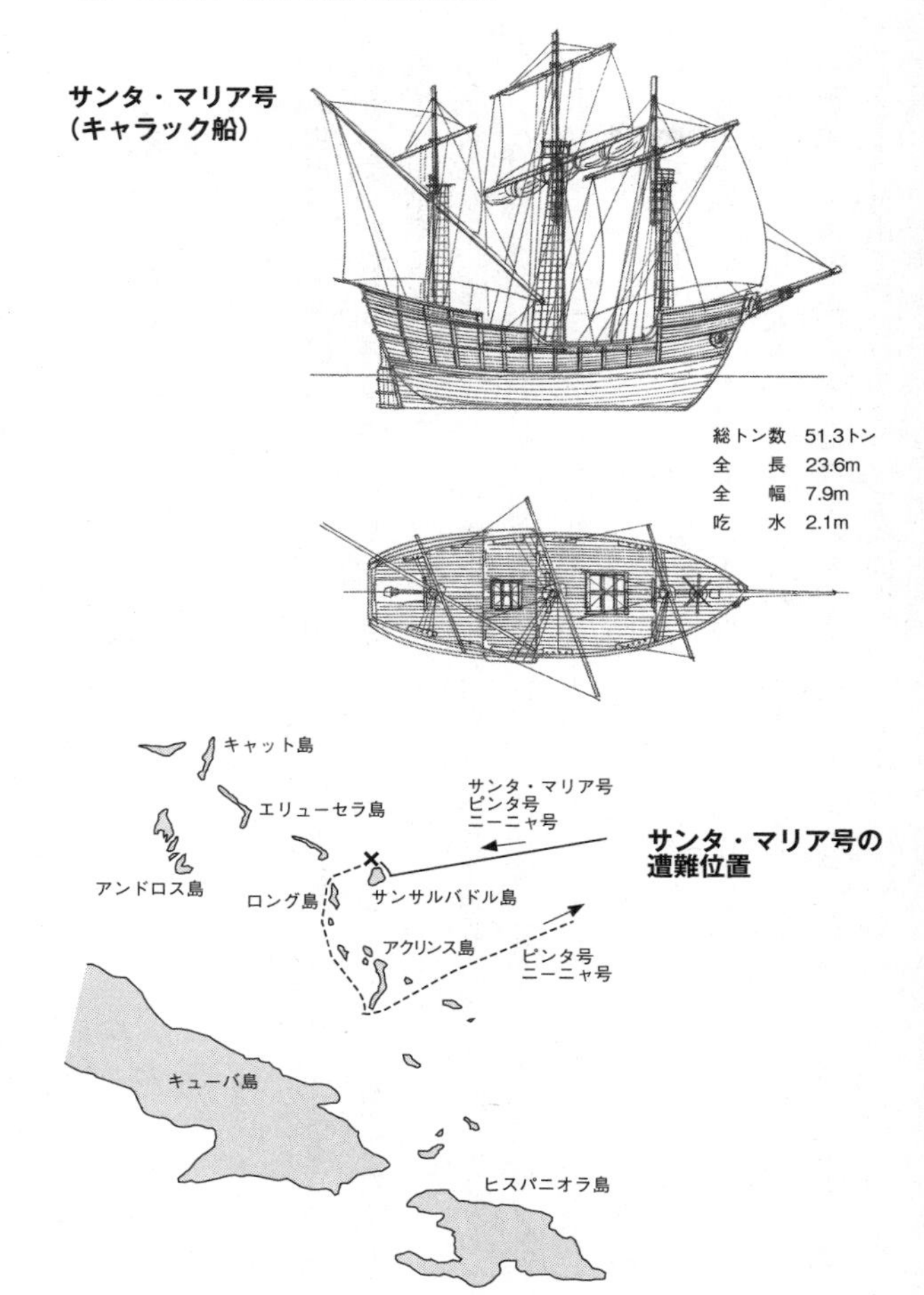
サンタ・マリア号
(キャラック船)
総トン数 51.3トン
全　長 23.6m
全　幅 7.9m
吃　水 2.1m
キャット島
エリューセラ島
アンドロス島
サンタ・マリア号
ピンタ号
ニーニャ号
サンタ・マリア号の
遭難位置
ロング島
サンサルバドル島
アクリンス島
ピンタ号
ニーニャ号
キューバ島
ヒスパニオラ島

2 ドイツ商船オーストリアの火災

害虫駆除の不手際からパニックとなる

十九世紀に入ると海難事故についての詳細な記録が散見されるようになってくる。そして動力が蒸気機関に代わることにより航海の自由度がひろがり、様々な海域で様々な海難事故が発生するようになるのである。

オーストリア（ＡＵＳＴＲＩＡ）はドイツの名門海運会社であるハンブルグ・アメリカ・ライン社の蒸気機関駆動の帆装商船である。帆船から蒸気機関へ移行する頃の典型的な補助駆動装置としてエンジンを装備した帆装商船である。本船は総トン数二三三四トン、全長六三・三メートル、全幅七・八メートルの規模で、ドイツのハンブルクとニューヨーク間の定期船として一八五二年にイギリスで建造された。商船オーストリアは最大出力六〇〇馬力の蒸気機関を装備した、三本マストのバーク型帆船が基本船体であった。

オーストリアは一八五八年九月一日にハンブルグを出港し、途中イギリスのサウザンプトンに寄港、九月六日に乗客四四四名と乗組員一〇〇名、そして貨物四〇〇トンを搭載してニューヨーク経由でフィラデルフィアへ向かって出航した。

しかし九月二十五日になってもオーストリアはニューヨークには着かなかった。入港準備をしていた海運会社や乗客を迎えに来ていた人々に不安がよぎったのである。当時はまだ無線が開発されていなかった時代であり、船が出航した後は目的地に到着するまでまったく消息が分からないのが一般的であった。しかし到着日を大幅に過ぎれば、その船に何らかの事態（事故や沈没など）が発生したと考えざるを得ないのである。

九月二十七日、カナダのハリファックス港に帆船アラビアン（ＡＲＡＢＩＡＮ）が到着した。本船の船長は航海の途中の大西洋上で、燃え残った大型の船を目撃したと報じたのである。その船は海上を漂っており、船上には人影はなく、救命艇はなくボートダビットだけが残り、マストや船体の多くの部分は焼け残っていたという。この情報はただちに実用化されていた有線電信でニューヨークの港湾事務所に連絡された。

アラビアンは燃え残った船の漂流する正確な位置を指示した後、出港したのである。この情報はニューヨークでオーストリアを待っていた人々に、「乗船者は救命艇に乗りこみ、漂流中を他の船に救助されているかもしれない」という多少の望みはあたえたが、その後の状況はまったく不明で不安はつのる一方であった。

翌二十八日、オーストリアの消息が判明したのである。帆船型のイギリスの蒸気船ロータス（ＲＯＴＵＳ）はオーストリアからのがれた乗客と乗組員六六名を乗せて、ニューヨークに入港したのだ。

この六六名は火災を起こしたオーストリアから脱出した救命艇の一隻の乗船者であった。その中の乗組員の話により本船の火災の原因が判明したのであった。

当時、大洋を航行する帆船では長い間に木造の船内に発生した害虫（蚤、虱、ダニなど）の駆除のために、不定期に船内の燻蒸を行なう習慣があった。オーストリアがサウザンプトンを出港し七日後の九月十三日に船内の燻蒸を実施することになった。

帆船時代の燻蒸には二種類あり、一つは硫黄を燃やしその煙で殺虫する方法、もう一つはタールを高温にしてその煙で行なう方法であった。オーストリアの船長はこのとき後者を採用したのであった。それは船内の通路に大きなタールの容器を置き、その中に熱したチェーン（鉄製）を浸してタールを高温にし、そのとき発生する蒸気で船内を殺虫、消毒するのである。かなり乱暴な手法であるが効果が大きいとされていたのである。

しかしこのとき、操作を誤り加熱したチェーンを甲板（板製）に落とし、甲板が燃え始めたのであった。その後の不手際から火災は消火不能となり、船体が燃え始めたのであった。乗客と乗組員はパニックに陥り、たちまち救命艇に群れ集まり収拾がつかなくなったのであった。乗組員の注意も聞かずに乗客が勝手に救命艇を降下し、救命艇が海面に落下して破損した。海面に降下した救命艇も大きな波によって転覆し、何隻の救命艇が降下に成功し乗船者がどれだけ脱出したのか分からない状態となったのである。

脱出に成功した六六名を乗せた一隻の救命艇が、たまたま同じ海域を航行していたロータスに救助されたのであった。

この日の午後五時頃、同じ海域を通りかかった帆船モーリス（ＭＡＵＲＩＣＥ）は炎上するオーストリアを発見した。モーリスは生存者を捜索中のロータスを見つけて接近した。ロータスは六六名の救助者を乗せて余裕がないため、一部をモーリスに移乗させたのであった。

その直後に同じ海域を航行中のイギリスのフリゲート艦ヴァロラス（ＶＡＬＯＲＯＵＳ）が、救命艇で漂流中の遭難者五四名を救助したのである。そして翌十四日にはノルウェーの商船カタリナ（ＣＡＴＡＲＩＮＡ）が、同じく救命艇で漂流中の二二名を救助したのであった。商船オーストリアの火災による犠牲者の総数は乗客と乗組員合わせて四〇〇名に達したとされている。

3 イギリス貨客船ハンガリアン

大西洋航路の終着点に近い岩礁に乗り上げる

イギリスの蒸気機関付き帆船ハンガリアン（HUNGARIAN）は、一八六〇年二月八日にイギリスのリバプール港を出港し、アメリカ東部のポートランドに向かった。乗船者は乗客七七名と乗組員八〇名であった。ハンガリアンは翌九日にアイルランドのクイーンズタウンに寄港し、さらに五五名の乗客を乗せた。最終的な本船の乗船者の合計は二一二名、そして合計四〇〇〇トンの各種貨物を搭載していた。

ハンガリアンは総トン数二七四三トンの貨客船で、基本船体は三本マストのバーガンチン型帆装船で、最大出力六五〇馬力のレシプロ機関を装備していた。ポートランドまでは順風であれば帆走、それ以外は帆走と蒸気機関駆動で運行され、到着は順調であれば遅くとも二月二十三日頃であった。

二月二十日の夜明け前、カナダ東部の大西洋に面したノバスコシア半島の先端のセイブル島に住む漁師が、出漁の準備のために海上の様子を見に家の外に出た。そのとき、同島の南端に連なる通称「競馬の列岩」（HORSE RACE ROCKS）と呼ばれる海に突き出

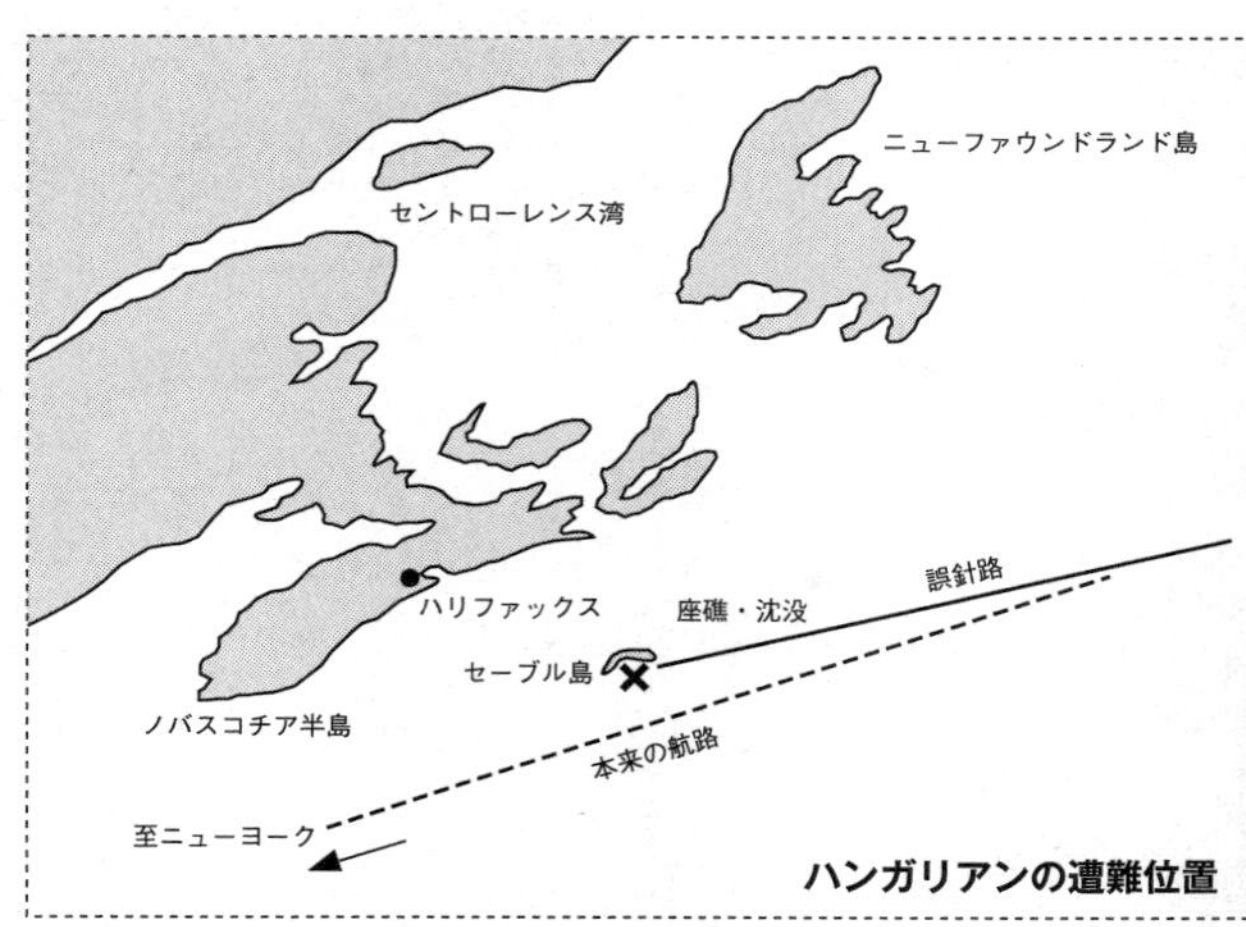

ハンガリアンの遭難位置

した列岩付近に止まっている船の灯火を見たのだ。その灯火は少し動いたようにみえたが、以後はまったく動かなくなった。船が列岩に乗り上げたように思われた。

夜明けとともにその灯火が大型船のものであることが確認されたが、その周辺は岩礁で、その船は暗夜に針路を誤り列岩に突入したらしいのだ。この岩礁地帯はセイブル岬の突端から西南三・七キロほどにあり、船が近づくところではなかった。

やがて海上のうねりは高まり出し、大きな波がその船の船体を覆うほどに激しさを増してきた。乗船者を含め船上のあらゆるものが波にのまれ投げ出されるのが遠目にもはっきりと目撃されたのだ。

この頃には付近の住民は海岸に集まっていたが、なす術もなくその惨状を見守る以外に

総トン数	3120トン
全　　長	98.6m
全　　幅	12.9m
主 機 関	三衝程レシプロ機関
最大出力	600馬力 一軸推進
最高速力	10.5ノット
旅客定員	187名
貨物積載量	1280トン

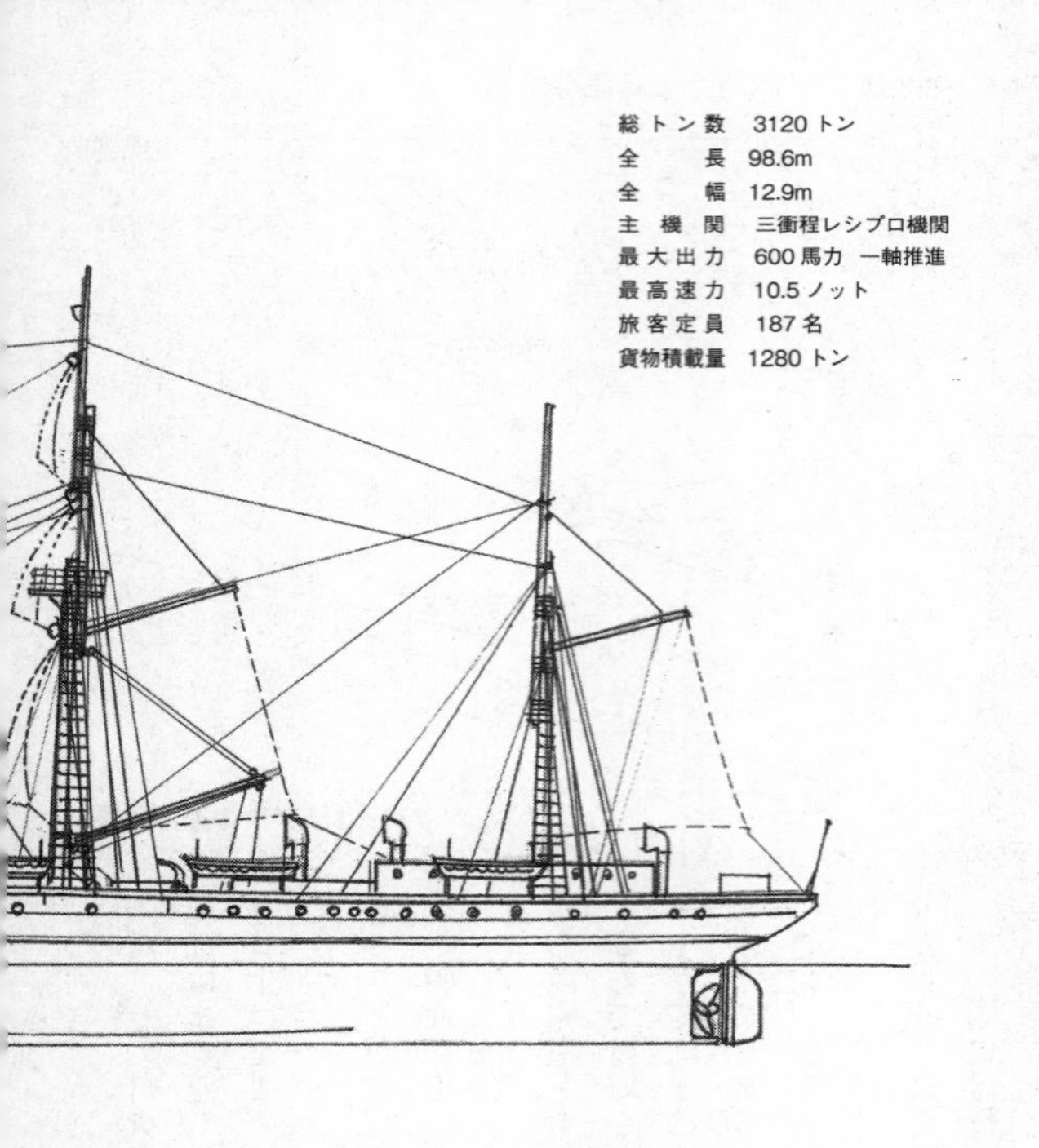

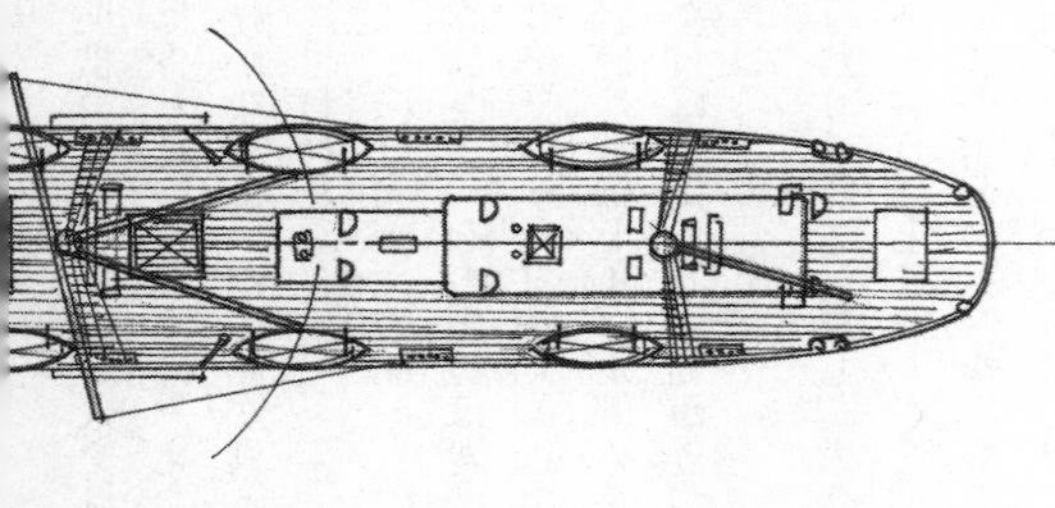

帆装蒸気船ハンガリアン

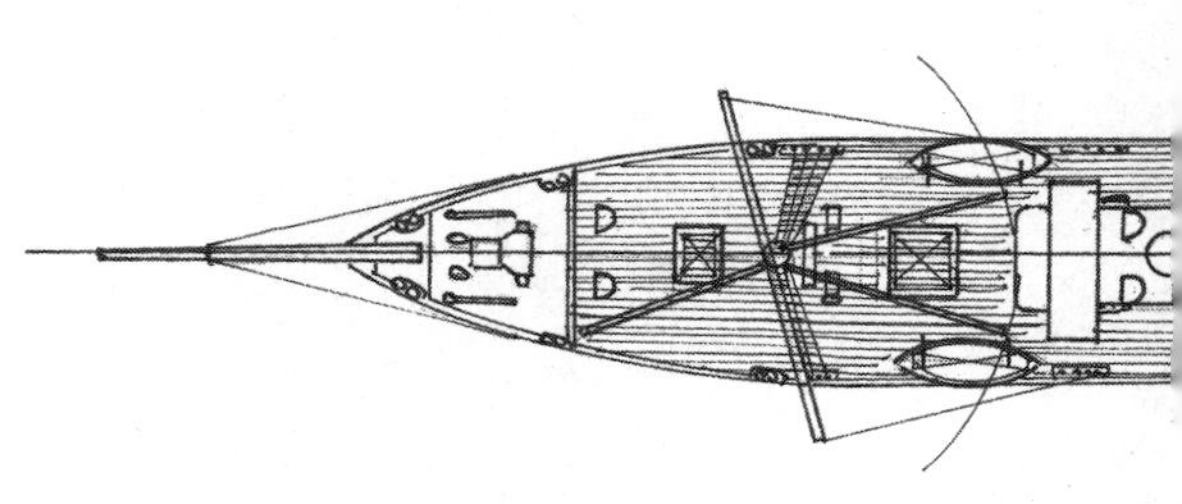

なかった。漁師たちは激しい風雨のために船を出して遭難者を救助することは不可能であったのだ。

そのうちに船体は大きく傾きだし、中央部に屹立していた背の高い煙突が倒れ、三本の帆柱もつぎつぎに倒れ、甲板上のあらゆるものが荒波の中に消えていった。この状況は丸一日続いた。

翌日には天候は回復したが、周辺の海岸には遭難した船から流れだした様々なものが打ち上げられていた。折れたマストや甲板板、船舶の部品、積み荷らしきもの、さらに数隻の救命艇、無数の乗船者の遺体など。海岸は見るも無残な姿に変わり果てていたのだ。

波のおさまるのを待って漁師たちは船を出し、遭難した船に近づき声をかけた。そのうちに危険を冒して船によじ登り船内を捜索したが、生存者の姿はなかった。甲板のダビットには救命艇は残っていなかった。恐らく激浪の中、救命艇を降ろして脱出を図ったであろうと思われたが、すべてが転覆したようであった。ハンガリアンの生存者は皆無であった。

4 帆装蒸気船ゴールデン・ゲート

ゴールドラッシュがもたらしたもの

アメリカのカリフォルニアを中心にゴールドラッシュが始まったのは一八五〇年代初頭であった。以後アメリカ西部への人流は激増したが、東海岸からカリフォルニアまでは四〇〇〇キロもあり、その道中は馬と馬車で行なわれたのだ。この間の日数は早くても一二〇日を費やしたとされる。中西部と西海岸を結ぶアメリカ大陸横断鉄道が開通したのは一八六九年であった。

西部に少しでも早く行く手段としては海路があった。東海岸の港を船で出発し、はるか南アメリカ南端のホーン岬を経由して太平洋を北に向かい西海岸の港に達するのである。当初は所要時間一〇〇日前後を要したが、高速の大型帆船ホーンクリッパーが出現すると大幅に短縮され、早い船では七〇日前後での到着が可能になったのである。

しかしより早い行程が開発されたのだ。東海岸を出港し中米のパナマの港で船を降り、パナマ地峡を進み（徒歩または馬車、後に鉄道。全行程約六〇キロ）、太平洋岸に出て再び船に乗り、西海岸に達する行程である。このコースを使えば順調であれば所要時間は四〇日前

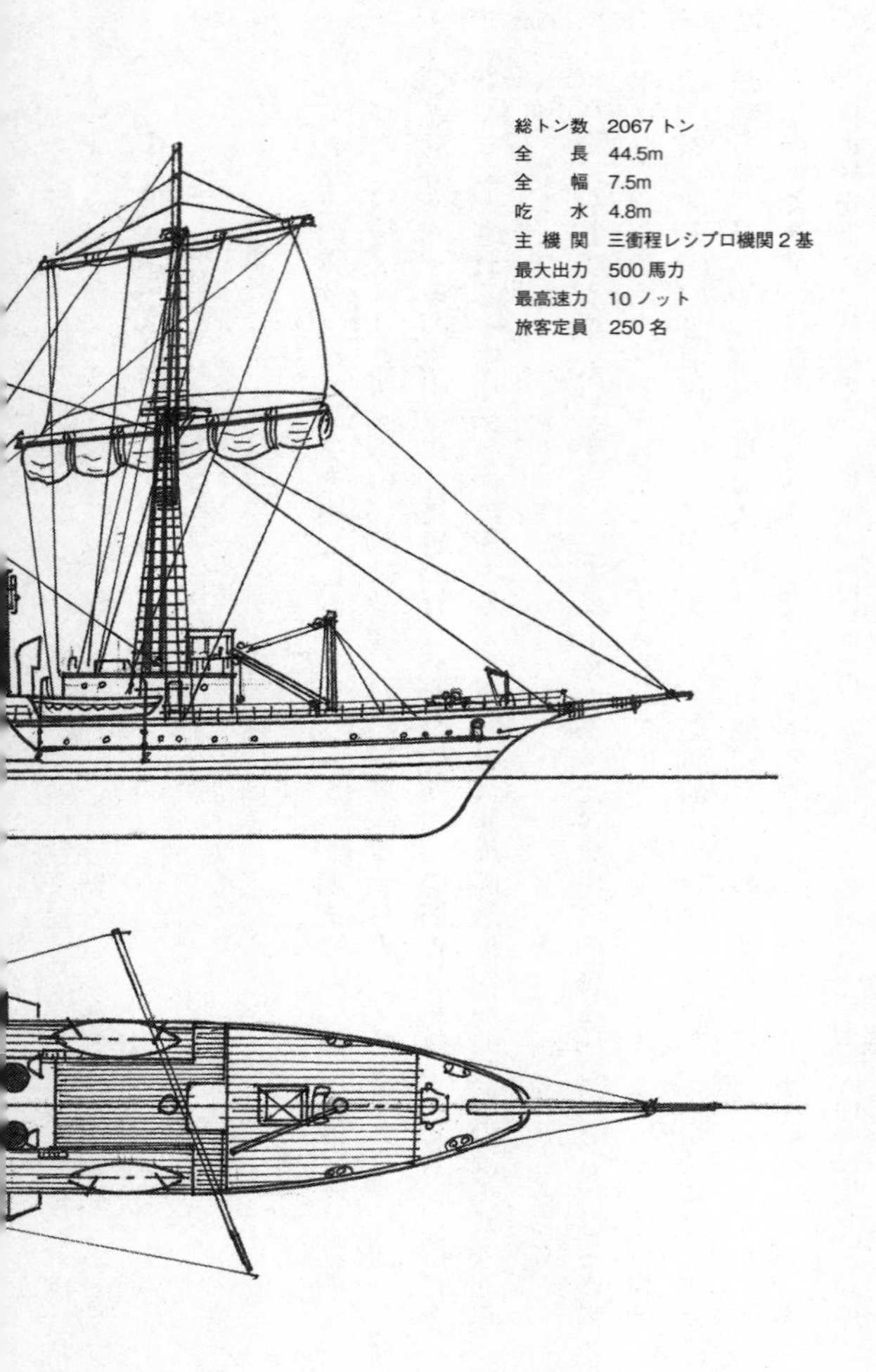
総トン数　2067 トン
全　　長　44.5m
全　　幅　7.5m
吃　　水　4.8m
主 機 関　三衝程レシプロ機関２基
最大出力　500 馬力
最高速力　10 ノット
旅客定員　250 名

帆装蒸気船ゴールデン・ゲート

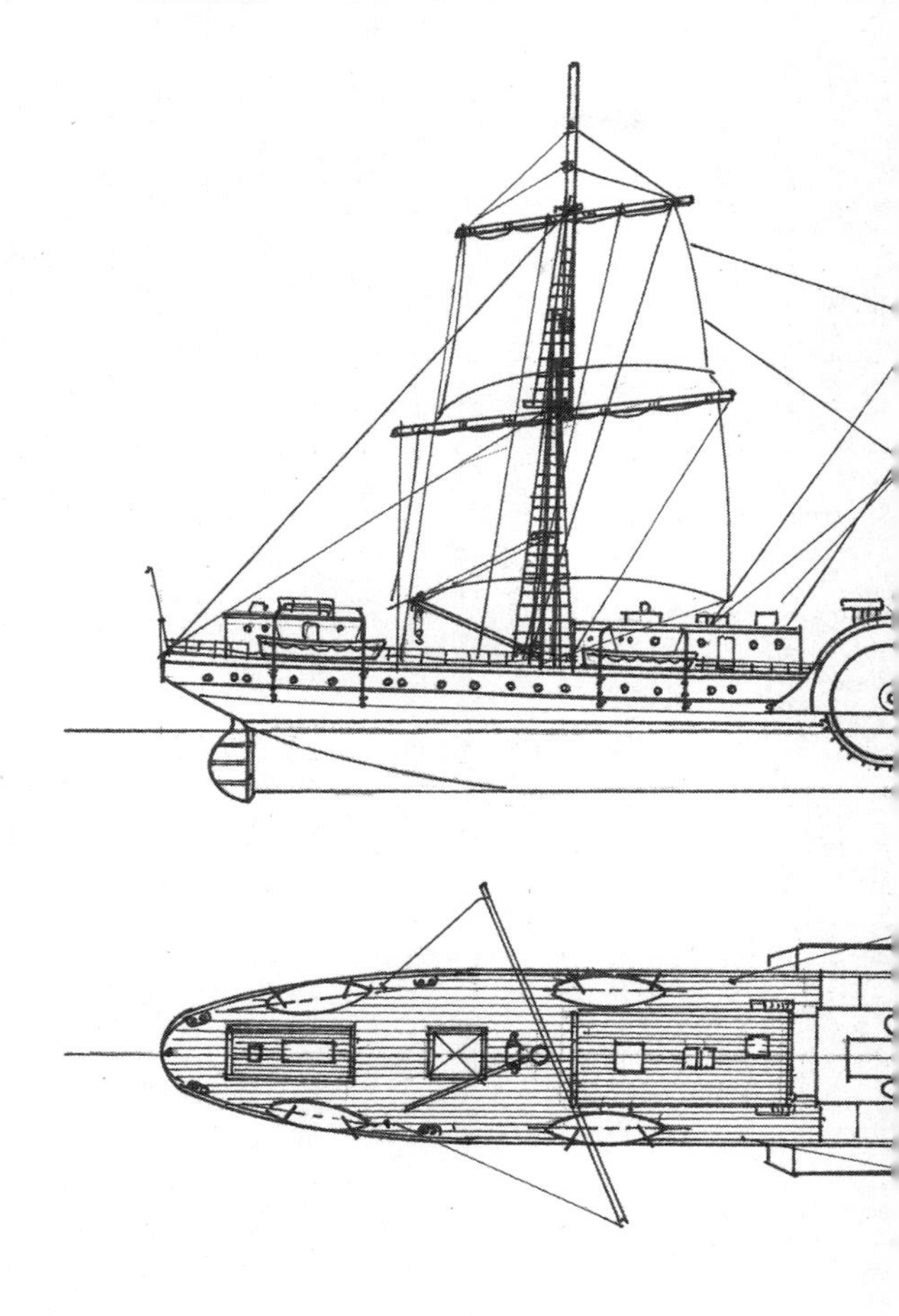

後となり、大幅に短縮されるのであった。一八五〇年代後半以降は人流と少量の貨物はこのルートが主に使われるようになった。

蒸気機関搭載の帆船ゴールデン・ゲート（GOLDEN GATE）はパシフィック・メイル蒸気船会社の持ち船で、サンフランシスコと中米パナマ間の貨客輸送に従事する貨客船であった。総トン数二〇六七トン、全長四四・五メートル（バウスプリットは除く）、全幅七・五メートル、深さ（船底から上甲板までの長さ）四・八メートルの本船は、基本船体は二本マストのブリッグ型帆船であるが、最大出力五〇〇馬力の二衝程レシプロ機関二基で外輪式の推進機を駆動する機走式帆船であった。

ゴールデン・ゲートの蒸気機関は船体中央部に左右並列に配置され、それぞれが左右の外輪を駆動し、船体中央部甲板には二本の背の高い煙突が設けられていた。本船は乗客二四二名と五〇〇トンの貨物の搭載が可能で、乗組員数は船長以下九六名であった。

ゴールデン・ゲートは一八六二年七月二十一日、サンフランシスコ港を出港しパナマに向かった。このとき本船にはカリフォルニアで鋳造されてニューヨークの銀行に運び込まれる一ドル金貨が、約二〇〇万ドルも積み込まれていたのだ。

ところが出航六日目の七月二十七日の午後四時四十五分頃、本船がメキシコ西岸のマンザニヨの沖合約二八キロに達したとき、突然、船内の警報ベルが鳴り出したのだ。それと同時に機関室から猛烈な煙が吹き上がってきたのである。火災の発生である。

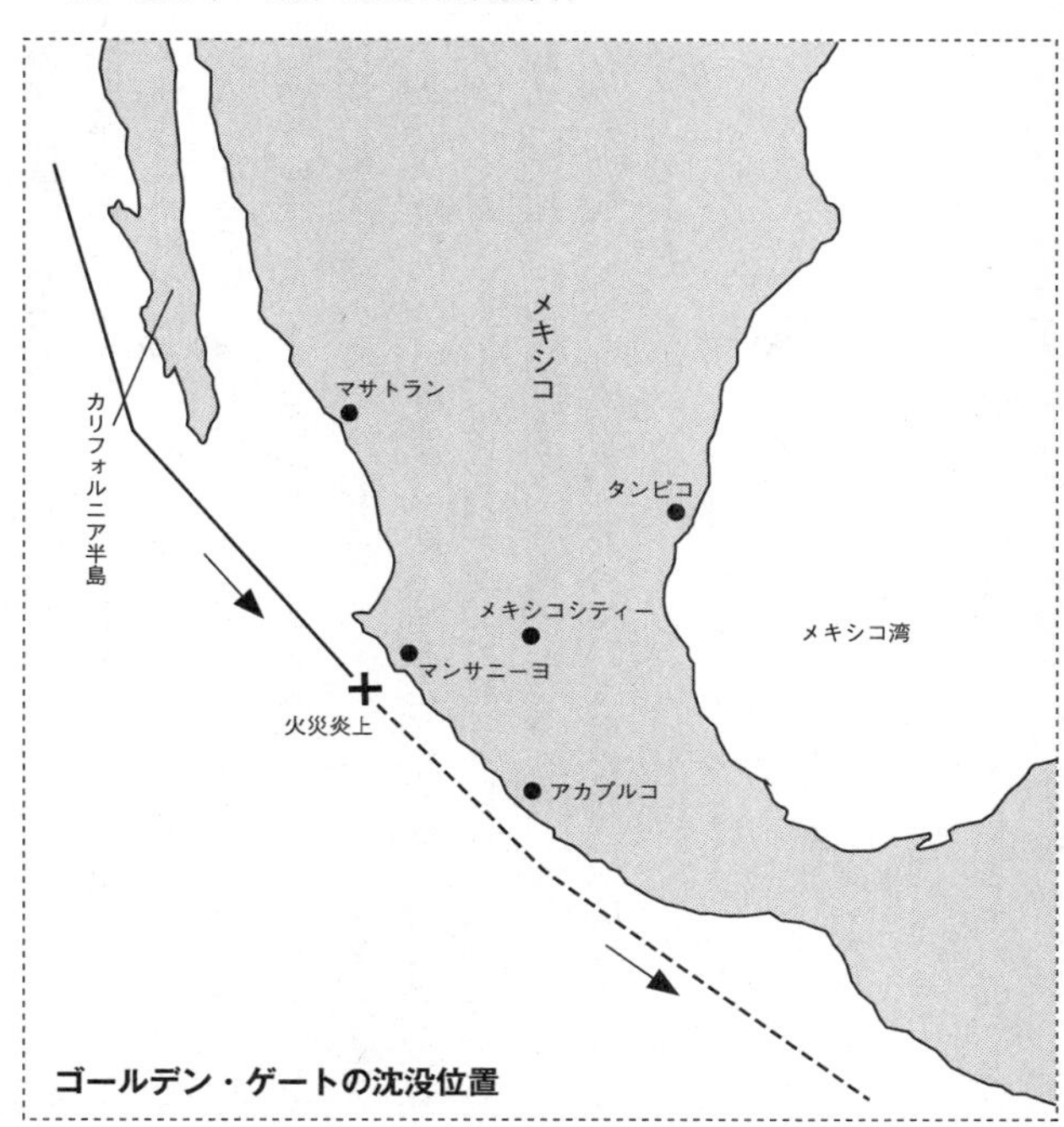

ゴールデン・ゲートの沈没位置

ゴールデン・ゲートの消火機材が総動員され消火作業が始まったが、火勢が激しく消火は不可能と判断された。船長はただちに本船を海岸に向けて進めた。海岸に乗り上げて乗客や乗組員の脱出を容易にするためであった。約三〇分後に船は海岸から数百メートルの位置に達したが、そこで浅瀬に乗り上げ停止してしまったのだ。この頃にはゴールデン・ゲートはマストの帆はすべて燃え上がり、機関室周辺や甲板の板材は燃え始めていた。

船が座洲して止まると、乗客も乗組員も消火作業を放棄し、先を争うようにして燃え残っている救命艇を降ろし、脱出を図った。そしてそれも間に合わない者はつぎつぎと海に飛込み、ある者は岸に向かって泳ぎ、ある者は海面に浮かぶ木片や器具類につかまっていた。

ゴールデン・ゲートはその後、数日間燃え続けていた。そして焼け爛れた船体は、やがて浅海に転覆したのだ。なお積み荷の二〇〇万ドルの金貨は全量が回収されている。

ゴールデン・ゲートにこのとき乗船していた人々は、定員一杯の乗客二四二名と乗組員九六名の合計三三八名であった。そして犠牲者は一六八名に達した。犠牲者の内訳は乗客一三四名と乗組員三四名である。結果的には乗組員の生存率が六五パーセントと高く、乗客の生存率が四四パーセントと低くなっていたのだが、当時は大きな問題とはならず省みられなかったのである。

5　移民輸送のイギリス帆船コスパトリック

救命艇にはかならず搭載すべき水と食料

コスパトリック（COSPATRICK）は総トン数一一一九トン、全長五七メートル、全幅一〇・二メートルの比較的小型の三本マストのシップ型帆船である。本船は一八五六年に建造され、インドを中心にビルマからマレー半島にかけての貨客輸送に運用されていたイギリスの貨客船である。その後、ペルシャ湾で海底電線敷設船として一時使われていたが、一八七三年にイギリスの名門海運会社のショー・サヴィエル社に購入され、船内を移民輸送専用船に改造され、オーストラリアおよびニュージーランドへの輸送に配船されることになった。

この航路はイギリス本国から途中アフリカ大陸南端のケープタウンに寄港するだけで、他に寄港することはなく、オーストラリアとニュージーランドに至る世界最長の定期航路となっていた。

蒸気機関駆動の船が発展途上の十九世紀後半頃は、まだ帆船は外洋航路の主力となっており、商船も帆船と蒸気機関駆動船とが拮抗する時代であったのだ。

コスパトリックのイギリスからニュージーランドまでの航海日数はおよそ一二〇日（四ヵ月）で、途中ケープタウンで食料と飲料水の補給はあるものの、乗客は船酔いと退屈の日々に耐えねばならなかったのである。本船の上甲板下の船内中央部は移民客専用の空間となっていた。そこはいくつかの隔壁で仕切られ、各区画は移民の居住区域で多数のハンモックが吊り下げられていた。

一八七四年九月十一日、コスパトリックはロンドンを出港した。そして六六日後の十一月十六日にケープタウンに到着した。本船はケープタウン港に入港したが、岸壁に着岸することなく、湾内で食料品と飲料水を運んで来た船からそれらを受け取ると、早々に出航したのであった。これには理由があったのである。移民客たちはイギリスからの船酔いに苦しむ長い苦難の旅を経てきたために、着岸した場合には、過去の例からも多くの移民客が逃亡し、船にはもどらない状況が頻発していたのであった。そのために今回は船長の決断でケープタウンへの寄港は、短時間の沖泊まりとしたのである。コスパトリックは補給が終わるとその日の夕刻にはケープタウン港を出港したのである。

コスパトリックがロンドンを出港したときの乗客数は四一〇名で、すべてがオーストラリアとニュージーランドへの移民客であった。また乗組員は船長以下六五名となっており、乗船者の総数は四七五名であった。ただ本船には基本的な問題点が内在していたのだ。それは搭載してある救命艇の数である。本船に搭載された救命艇は合計六隻であった。この救命艇の最大収容人数は三〇〇名で、万が一にも本船に危険な事態が生じた場合には、船から脱出できる人数は三〇〇名が限界なのである。そしてケープタウン港を出港直後にコスパトリックに、その危険な事態が起きたのである。

当時の多くの帆船はまだ木造船が多かったが、木造船で最も恐れられていることは火災であった。船舶の消火設備が整っていなかったこの頃には、もし航海中に船内で火災が発生した場合には、それは多くの場合、乗組員全員の死を覚悟する必要があった。それだけに船内での火気の取り扱いには普段から極めて厳重な注意が必要であった。

ケープタウンを出港して二日後の十一月十八日、最も恐れていた事態が発生した。この日の昼食中、突然船首の方から「火事だ！」の大声が聞こえたのだ。乗組員たち全員が跳ね起きると、一斉に船首甲板の方に駆け出したのだ。上甲板の一段下の第二甲板の船首楼にある備品倉庫から激しく煙が出ていた。この倉庫には索具の予備ロープや予備の帆、補修用の板材など燃えやすいものが一杯に押し込められていたのだ。

事態を知らされた食事中の船長は、ただちに航海士に船を風下に向けるよう命令した。炎や煙が船体の後方に流れ、類焼を防止するためであった。しかし順風で航行する帆船の向きを一八〇度転回する操作は容易ではないのだ。

この間にも倉庫の天井の換気口からは猛烈な煙が噴き出し、煙には炎が混じり出したのであった。事態は深刻であった。

帆船コスパトリック

総トン数　1119 トン
全　　長　57.0m
全　　幅　10.2m
乗客数（移民）　450 名
乗 組 員　 65 名

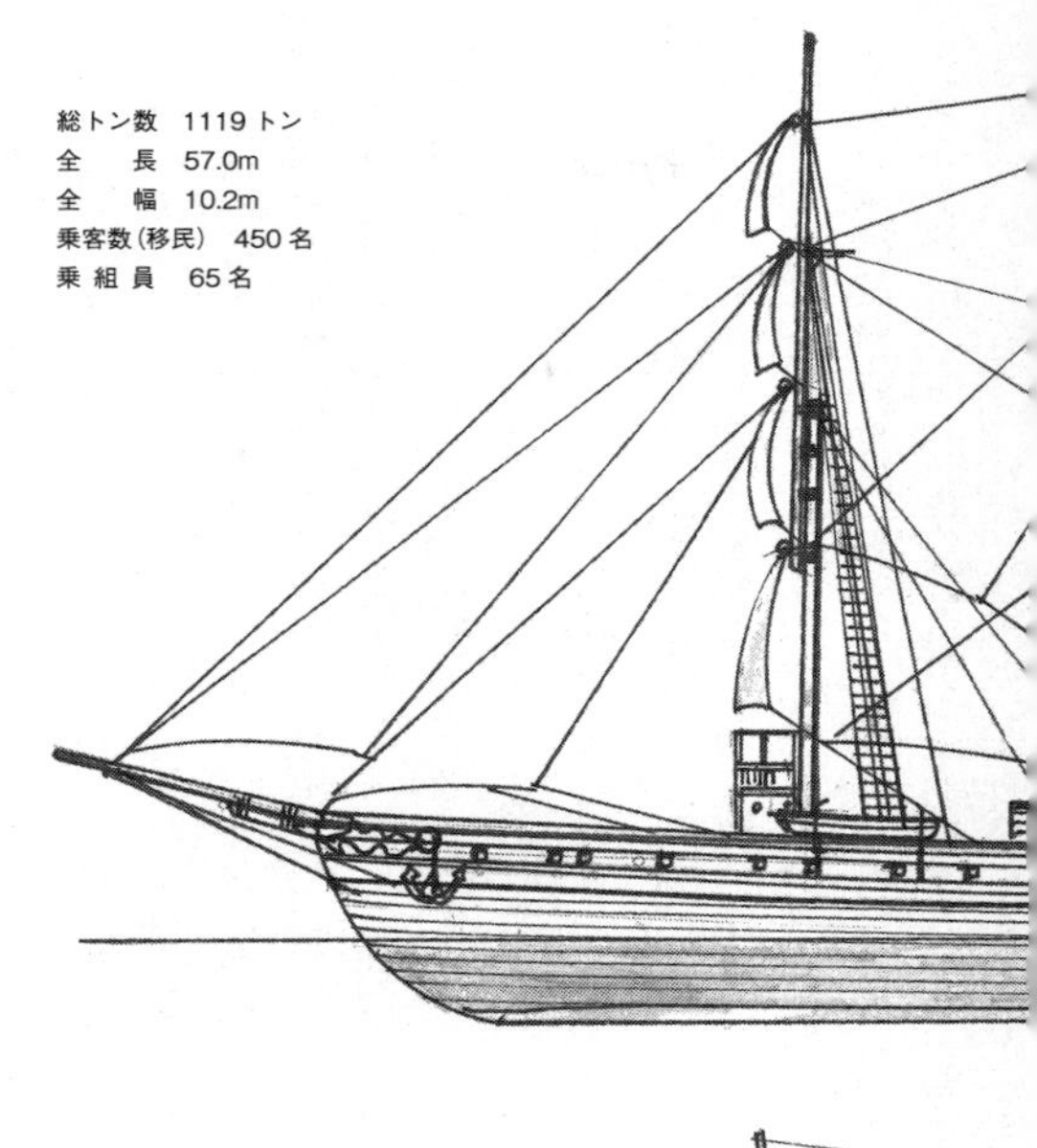

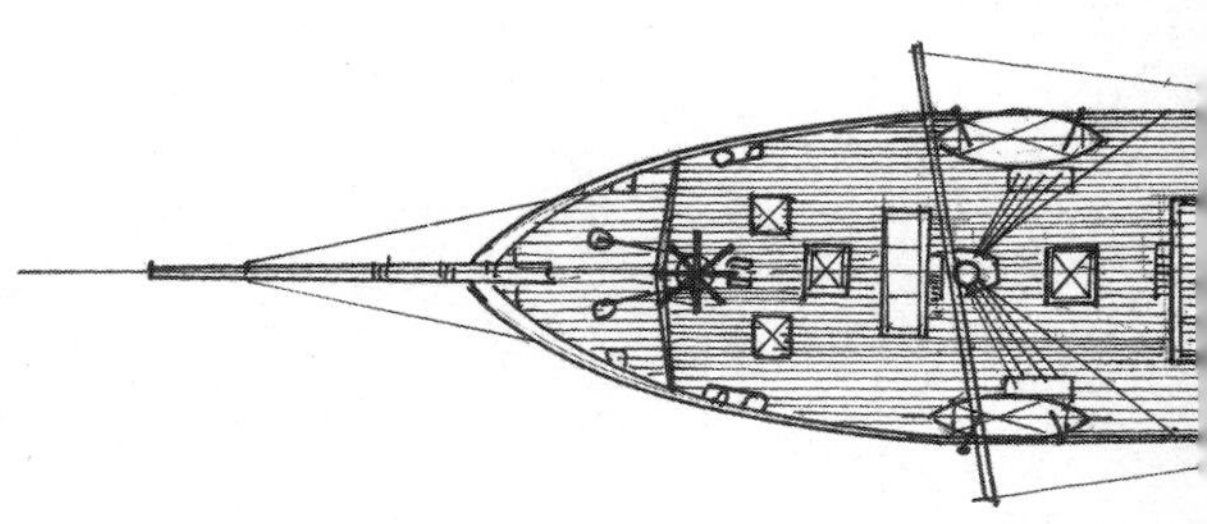

倉庫の中には手動式の消火ポンプが保管されていたが、今やそれを取り出すこともできないほど激しい煙と炎が渦巻きだしたのである。この状況に航海士は船内のあらゆる手桶を集めることを命じ、海水を汲んでは炎に向かって投げかけたのであった。

火勢はすでにそのような手段では消えないまでに激しさを増していた。炎は船首側マストに二段位張られていた二枚の帆に燃え移り、木製の帆桁も燃え出した。船首甲板や舷側、さらには甲板まで燃え出したのだ。消火には手遅れの状態である。

ついには船首甲板に搭載されていた二隻の救命艇も燃え始めたのだ。すでに後部甲板にはほとんどの乗客が群れ集まりこの惨状を眺めていたが、船首の救命艇が燃え始めると、乗客たちは乗組員の制止も聞かず、残る船尾側の四隻の救命艇に向かったのである。そしてボートダビットから救命艇を勝手に海面に降ろし始めたのだ。しかし救命艇を降下する作業は手慣れた乗組員にしかできないのである。一隻の救命艇が海面に落下して破損してしまった。また一隻の救命艇には大勢の乗客がわれ先に乗り込んだ。このために救命艇を吊るしていたロープが切れ、この救命艇も海面に転落してしまった。

残る救命艇に大勢の船客が殺到したが、舷側に吊り下げられた救命艇に乗り込もうとした多くの人が、舷側と救命艇との間の一メートルほどの隙間から毎面に転落していったのだ。

残った二隻の救命艇には船長の命令でそれぞれ一名の航海士が乗り込み、以後の操舵の指揮を行なうようにした。二隻の救命艇が本船を離れると、船上に残された大勢の乗客たちか

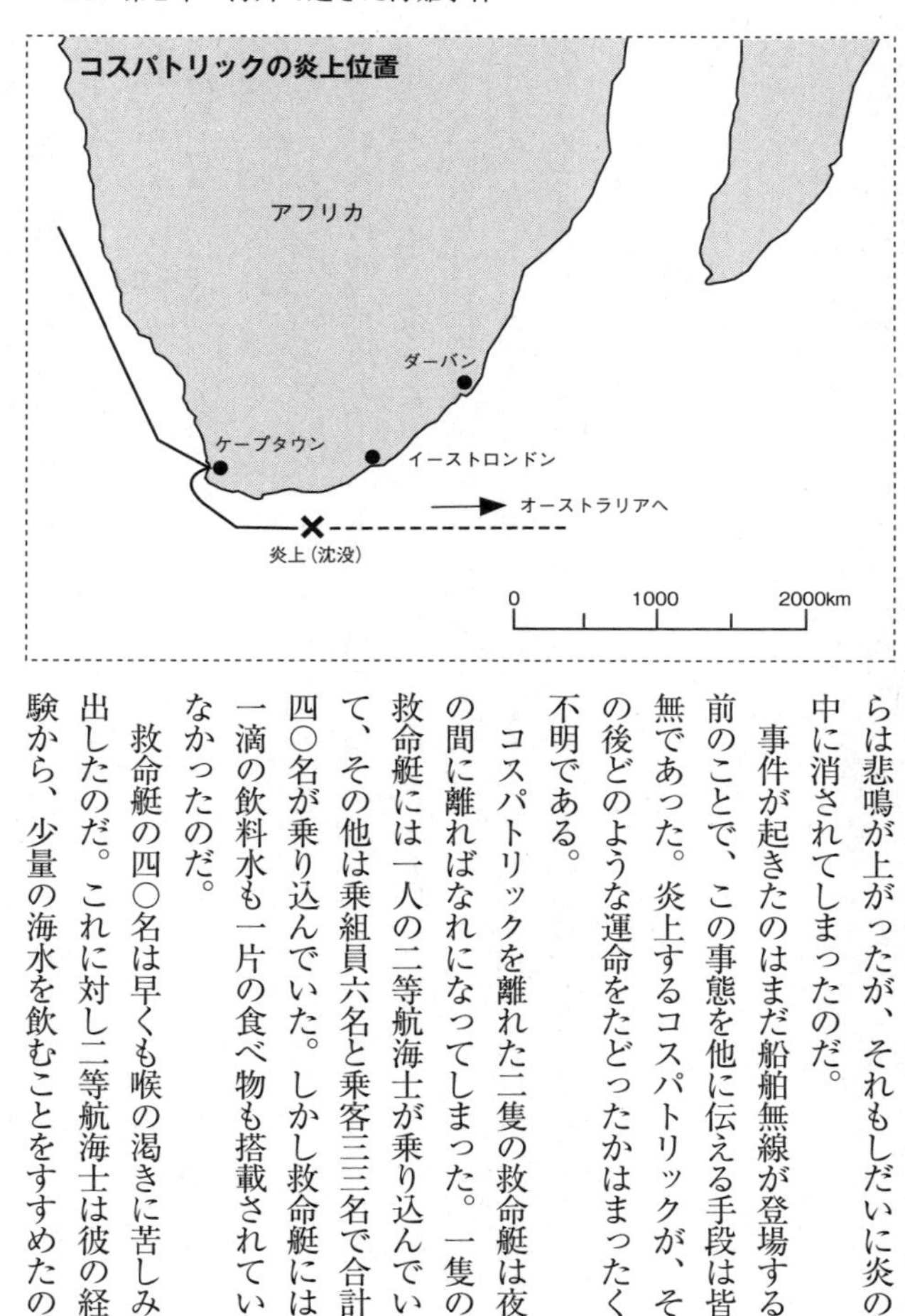

らは悲鳴が上がったが、それもしだいに炎の中に消されてしまったのだ。

事件が起きたのはまだ船舶無線が登場する前のことで、この事態を他に伝える手段は皆無であった。炎上するコスパトリックが、その後どのような運命をたどったかはまったく不明である。

コスパトリックを離れた二隻の救命艇は夜の間に離ればなれになってしまった。一隻の救命艇には一人の二等航海士が乗り込んでいて、その他は乗組員六名と乗客三三名で合計四〇名が乗り込んでいた。しかし救命艇には一滴の飲料水も一片の食べ物も搭載されていなかったのだ。

救命艇の四〇名は早くも喉の渇きに苦しみ出したのだ。これに対し二等航海士は彼の経験から、少量の海水を飲むことをすすめたのだ。一気に大量に飲むとその後塩水の影響で地獄の苦しみを味わうことになるのである。航海士は十分に忠告したが大半のものが渇きに耐えきれず、一度に多くの海水を飲み、苦しみ、命を落としていったのである。

漂流七日目、四〇名は七名に減っていた。二等航海士と乗組員五名、そして乗客一名であった。

ここで奇跡が起きたのである。インド洋の漂流一一日目の十一月二十九日、一隻のイギリスの貨物船セプター（SCEPTER）が漂流するこの救命艇を発見した。このとき生き残っていたのは五名であった。しかし二名は救出された直後に、安堵感からか息を引き取ったのであった。生存者は二等航海士と乗組員二名であった。

コスパトリックの遭難は、その後の船舶に対する一つの教訓を残したのであった。以後、イギリスでは救命艇には飲料水と食料をつねに搭載・常備するという鉄則である。

6 蒸気船シラーの座礁事件

航行位置が不確実の状況で魔の岩礁地帯に接近

イギリスのブリテン島の南西端からは大西洋に向けてコーンウォール半島が大きく突き出している。この半島の先端は岩礁がさらに連なり、その先にシリー諸島がある。さらにその先に岩礁地帯が続き、その突端には長さ四六メートル、幅一六メートルの岩があり、そこが一連の岩礁列の先端であった。この岩は「ビショップ・ロック」と呼ばれ、一八六〇年頃に危険防止のために灯台が建設された。しかし激浪でこの灯台は何回も破壊され、そのたびに造り直されていた。この列岩は大西洋を横断しイギリス南岸のサウザンプトンやロンドンに向かう船の航路が接近しており、厳重な注意が必要とされていたのである。

一八七五年四月二十七日にニューヨークを出港し、ハンブルグに向かうドイツの貨客船シラー（SCHILLER）がイギリスのプリマスに寄港する途上、ビショップ・ロック岩列に激突して沈没、乗客と乗組員合わせて三一二名が犠牲となる海難事件が発生した。

シラーはドイツの大西洋横断蒸気船会社所有の貨客船で、一八七三年八月に建造された新造船であった。総トン数三四二一トン、全長一一二メートル、全幅一二メートルの本船は、

帆装蒸気船シラー

総トン数	3421トン
全　　長	96m
全　　幅	12m
主 機 関	二衡程レシプロ機関　2基 合計最大出力　3000 馬力
最高速度	15 ノット
旅客定員	385 名
貨物積載量	2000 トン

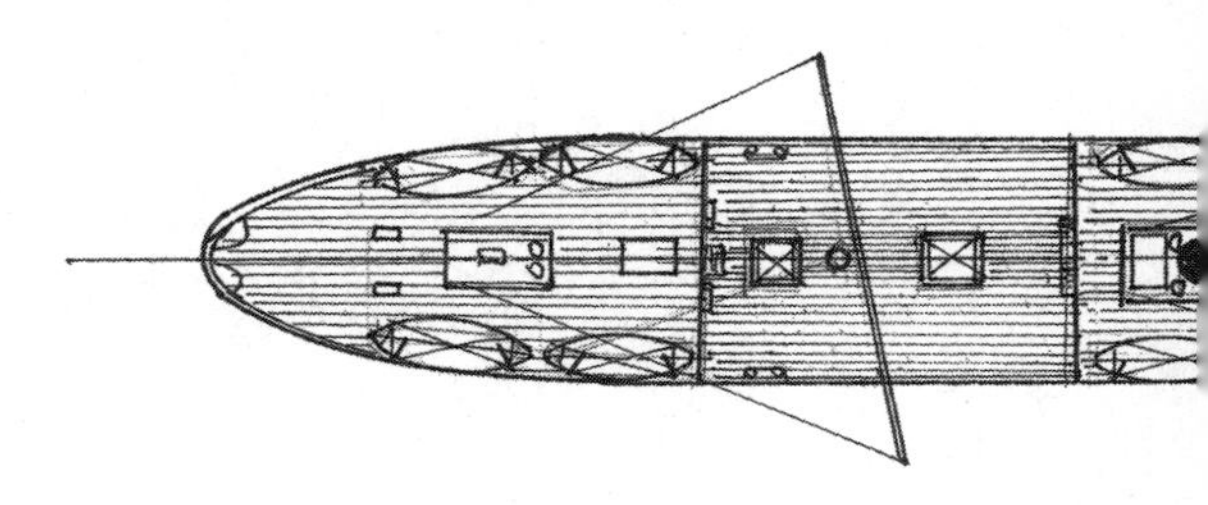

基本構造が二本マストのブリック型帆船の船体に最大出力三〇〇〇馬力の二衝程レシプロ機関を搭載し、最高速力一五ノットを発揮する優秀船であった。

ニューヨークを出港したとき、本船には二六一名の乗客と船長以下一二四名の乗組員合わせて三八五名が乗船し、他に各種貨物二〇〇〇トンが積み込まれていた。

四月から五月にかけての北大西洋は北極海から流れ出る低温の海流の影響を受け、濃霧の発生する日が多かった。このために船の正確な針路を確認するための天測ができない日々が続くことがあり、航路は海図とコンパスに頼らねばならなかった。

シラーが出港して七日目の五月四日頃から、海上には濃霧が立ち込め始めたのであった。本船はこの日まではときどきの雲の晴れ間を活用して天測を行なっていたが、六日からは完全に不可能な状態となったのである。

シラーの船長は船の正確な位置確認が不可能であるために、海図上に記入されたそれまでの針路とコンパスを頼りに、航路をまさに手探りの状態で進んでいたのであった。ただ船の速力は落とし、見張員も増やして針路上の障害の警戒にあたっていた。

五月七日の午前一時、シラーの船体は突然、岩礁らしき物に乗り上げたような強い衝撃を受けて止まったのである。船長は、ただちに後進をかけて離れようとしたが、船体はビクとも動かなかったのだ。本船はビショップ・ロック灯台の西に存在するレタイナー岩礁に乗り上げたのである。

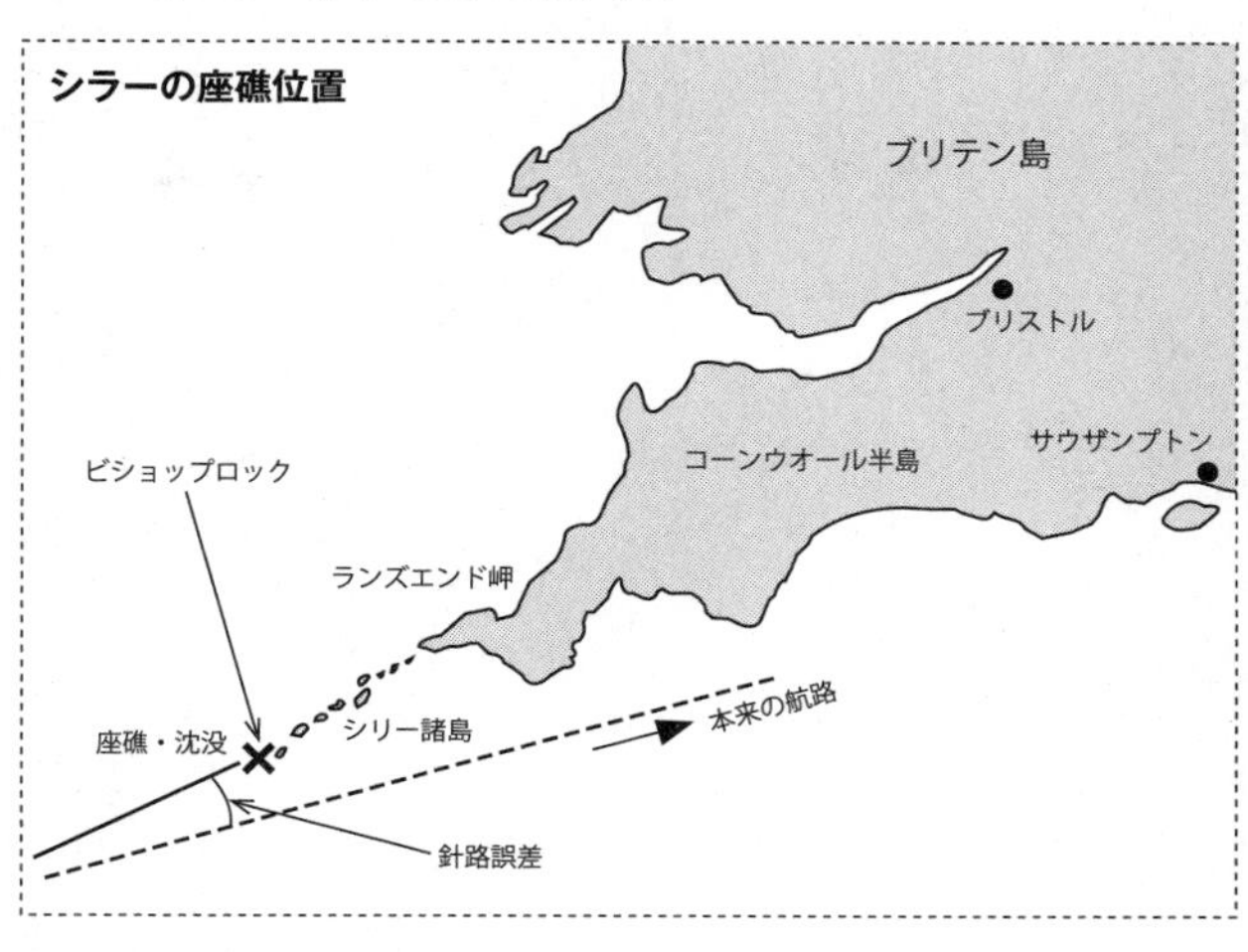

シラーの船体はしだいに右舷に傾きだした。ここで船長は乗船者全員に退船を命じたのである。そして乗組員には搭載されている八隻の救命艇の降下準備を命じた。しかし船体に打ち寄せる波は激しく、容易に救命艇を降下させることができなかったのだ。

船長は危険を知らせるロケット花火を矢継ぎ早に打ち上げさせた。この状況に乗客たちは混乱状態となり、身勝手に救命艇に乗り込もうとする者は激しい波に巻き込まれつぎつぎと海の中に消えていったのである。またかろうじて救命艇に乗り込んでも、艇が海面に着水したとたんに打ち寄せる波で転覆してしまった。八隻の救命艇の中で無事に着水して漕ぎ出されたのはわずかに二隻であった。

彼らはその後、夜明けとともにビショップ灯台の姿を確認し、そこに向かって救命艇をたどりつかせ、危急を灯台監視員に伝えて救助された。

シラーの沈没による生存者数はわずかに七三名で、船長以下三一二名が犠牲になったのである。ビショップ灯台が当日、たまたま修理のために灯火を消していたことが遭難の原因につながったことは間違いなかった。

7 テームズ川の遊覧船プリンセス・アリス

休日の夕刻に家路をたどる家族たちを乗せて

一八七八年九月三日、イギリスのテームズ川で遊覧船の事故が発生した。犠牲者は六五〇名を超えたが、最終的な数はその後も未確認のままとなった。この遊覧船では乗船者の人数はこれまで習慣的に数えられていなかったのである。ただ犠牲者の多くはロンドン近傍に住む一般家庭の家族や友人たちであることに間違いはなかった。休日の夕方に行楽地から家路につく人々の乗った船が沈没したのである。

ロンドンの中心街から東に約三〇キロのテームズ川下流の右岸一帯は、グレーブセントと呼ばれる広大な平原地帯で、ロンドン市民の憩いの地として知られていた。とくに休日には散策の格好の場として人気があった。

九月三日の日曜日。この日は朝からの快晴で、ロンドン市内に住む多くの家族がここにひとときのピクニックを楽しみに来ていた。往復には市内のテームズ川の船着場から発着する定期遊覧船が使われていた。この定期遊覧船がプリンセス・アリス（ＰＲＩＮＣＥＳＳ　ＡＬＩＣＥ）であった。

九月初旬の午後六時はまだ陽も高かったが、ピクニック帰りの多くの人々がロンドン中心街行きの遊覧船で帰途についたのだ。彼らはグレーブセントの船着場から遊覧船に乗り込んだ。この船は外輪推進式の総トン数四三二トン、全長六六・九メートル、全幅六・二メートルのプリンセス・アリスであった。多数の乗客を乗せた本船はロンドンの中心地の船着場に向かってテームズ川の遡上を始めた。

テームズ川はグレーブセントから一五キロほど上流で、下流に向かって大きく右に蛇行していた。この場所は「トリップコックポイント大屈曲点」と呼ばれ、テームズ川を行き来する船はとくに注意をして航行する必要があったのだ。下流へ向かう船も、上流へ向かう船も川の急な曲がり角は互いの姿が遠方からは確認し難い場所であった。テームズ川を航行する船舶は、とくにこの場所では右側通行の規則の厳守が求められていたのであった。

プリンセス・アリスはグレーブセントの船着場を出発し、やがてトリップコックポイントに接近した。

まさにこのとき、プリンセス・アリスの前方に、突然、大型の貨物船が現われたのであった。その船は石炭運搬船バイウェル・キャッスル（ＢＹＷＥＬＬ　ＣＡＳＴＬＥ、総トン数一三七六トン）であった。

そしてこのときプリンセス・アリスはテームズ川の航行規則に反し、左側航行をしていた

切断されたプリンセス・アリス

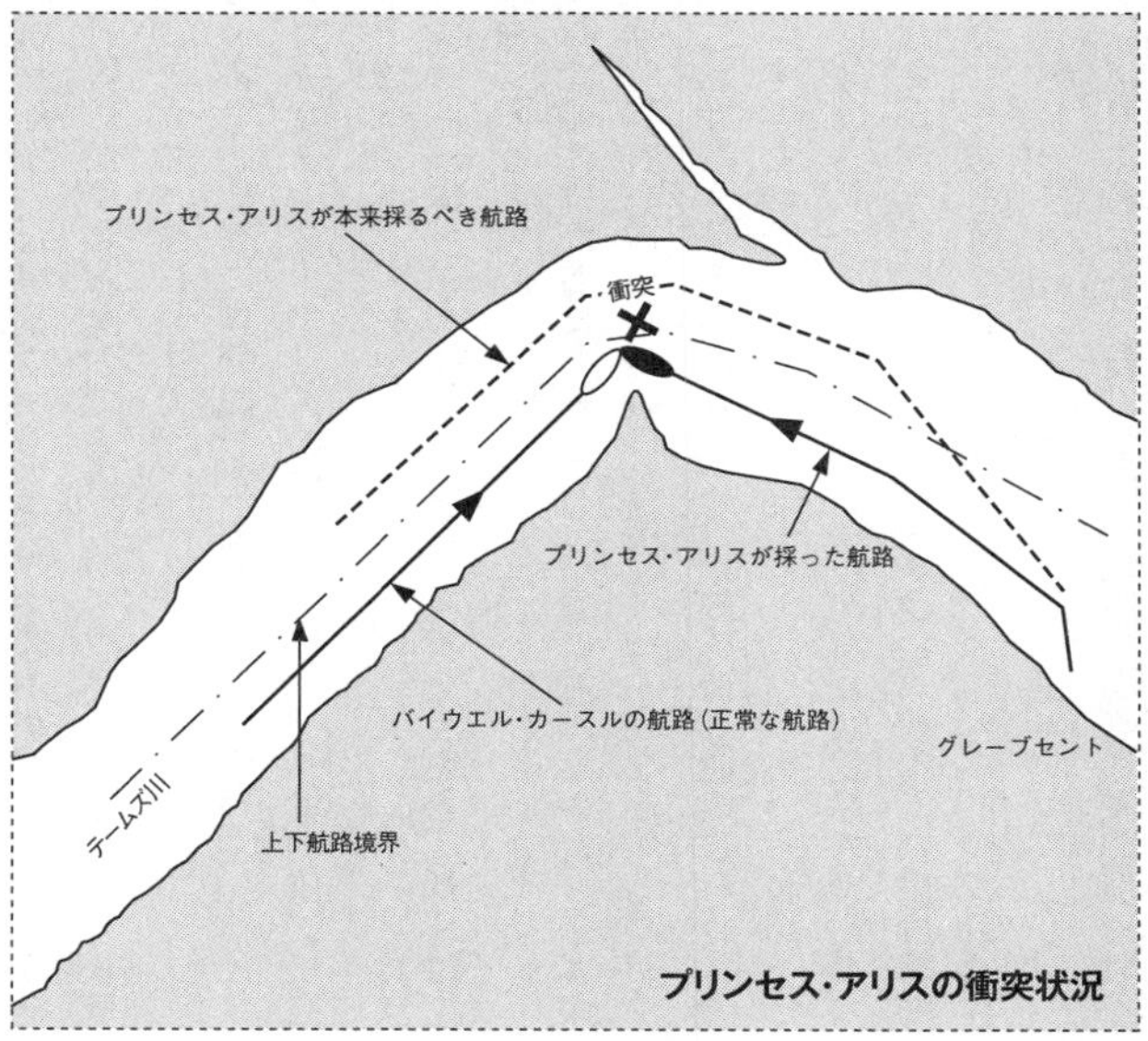

プリンセス・アリスの衝突状況

のだ。つまり右側航行の原則を守り航行していたバイウェル・キャッスルが、川の屈曲点を曲がり始めたときに目の前に突然、遊覧船が現われたのである。バイウェル・キャッスルは直前のプリンセス・アリスを避けることができずに衝突した。

プリンセス・アリスでは衝突を避けるために右に急転舵したが間に合わなかった。バイウェル・キャッスルは右に曲がり始めたプリンセス・アリスの船体の中央部、外輪の位置に衝突、本船を真っ二つに切断してしまったのであった。

現在に残る、引き揚げられたプリンセス・アリスの残骸を写した写真を見ると、船体はものの見事に切断されていることが明確にわかる。

プリンセス・アリスの二つに裂かれた船体はたちまち転覆し、川底に沈んだのだ。乗客の多数を占めていた女性と子供たちで救命胴衣を着用している者はだれ一人いなかった。バイウェル・キャッスルからは、ただちに救命艇が降ろされ川面に浮かぶ人々の救助に向かったが、投げ出された人々はあまりにも多すぎたのだ。

そうした中で一五〇名余りの人々が救助された。その後、川底に沈んだ遊覧船の捜索で六五〇名の犠牲者の遺体が引き上げられたが、それがすべてではなかった。テームズ川は常時濁っており、川底の綿密な捜索は断念せざるを得なかったのであった。恐らく犠牲者数はさらに増加している可能性があるのだ。

この衝突事故の原因はプリンセス・アリス側にあった。慣れた航路であり、屈曲部を早く通過しようと航行規則に違反し、あえて左側通行を行なったのである。衝突時、船長をはじめ航海士や操舵手は全員がブリッジにいたが、航海士一名を除いて全員が犠牲となった。厳しい処罰を受けたのは唯一生存していた航海士であった。

8 ドイツ貨客船エルベの沈没

衝突事故の現場から救助もせずに立ち去る

ドイツの名門海運会社、北ドイツ・ロイド社の貨客船エルベ（ＥＬＢＥ）は、一八八五年一月二十八日にドイツのブレーメン港を出港しニューヨークへ向かった。当時同社では一〇隻の新鋭の蒸気機関駆動の貨客船や貨物船を保有していたが、エルベはその中の一隻であったのだ。

エルベは総トン数四五一〇トン、全長一二五メートル、全幅一三・二メートルの船体に、最大出力五六〇〇馬力の三衝程レシプロ機関を装備し、最高速力一六・五ノットの快速の持ち主であった。そして航海速力は一四ノットで、大西洋横断の所要時間は七日間前後であった。

エルベはまだ帆船の面影を多少残している船体で、上甲板の上には一層の甲板室が配置されていたが、船体の前後の甲板にはそれぞれ高いマストが各二本配置され、最前部の一本には横帆展帆用の二つの大きな帆桁が配置され、その後の三本には三角帆（大面積のガフ）が展帆できるようになっていた。機関故障に際しての補助動力としての帆走機能を持たせるという、帆船から蒸気駆動船へ移行する過渡期の典型的な船のスタイルであった。

エルベの甲板室の上はボートデッキとなっており、左右両舷にそれぞれ五隻の救命艇がボートダビットに配置されていた。またその他に三基の大型の筏が搭載されていた。

本船の乗客は一等・二等・三等合計一二五〇名であったが、その中の一〇〇〇名はアメリカへの移民客用となり、専用の雑居式の船室に収容されるのであった。乗組員数は船長以下一四九名であった。

エルベがニューヨークに向けてブレーメン港を出港したとき、船客はわずか二〇五名で、乗組員と合わせると合計三五四名が乗船していた。エルベの出航翌日から海上は荒れ始めたが、航行が困難な状況ではなかった。

一月二十九日午前六時、エルベの前方の暗がりの中から突然、一隻の汽船が現われたのである。エルベは回避動作をするいとまもなく、その船は本船の左舷舷側に衝突したのだ。相手の船はイギリスの小型貨物船クラシエ（ＣＲＡＴＨＩＥ）であった。クラシエは船首が破壊されたが大きな浸水にはならず、沈没のおそれはなかった。

しかしエルベは左舷舷側が破壊されて機関室に一気に海水が侵入し、船体は左舷に大きく傾き出したのであった。乗客たちはまだ寝ていたところでの事故であるために、寒空の中を寝間着姿で一斉に甲板に出てきたが、すでに浸水のために船体は大きく左舷に傾き、右舷側がせり上がり救命艇は降下不能となっていた。左舷側の救命艇も二隻が降下不能になり残る

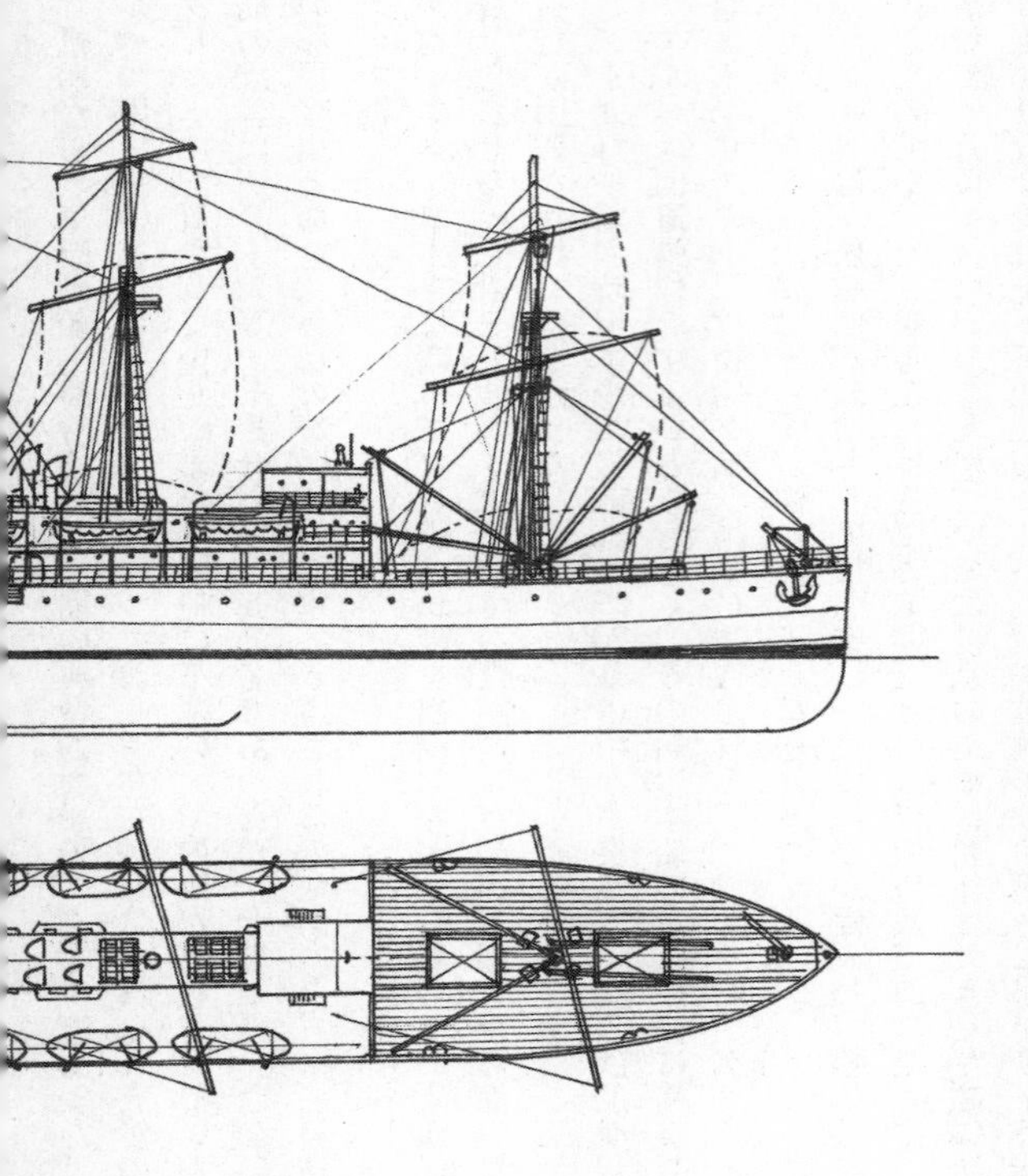

貨客船エルベ

総トン数　4500 トン
全　　長　125m
全　　幅　13.2m
主 機 関　三衝程レシプロ機関　2 基
　　　　　合計最大出力　5600 馬力
最高速度　16.5 ノット
旅客定員　1250 名

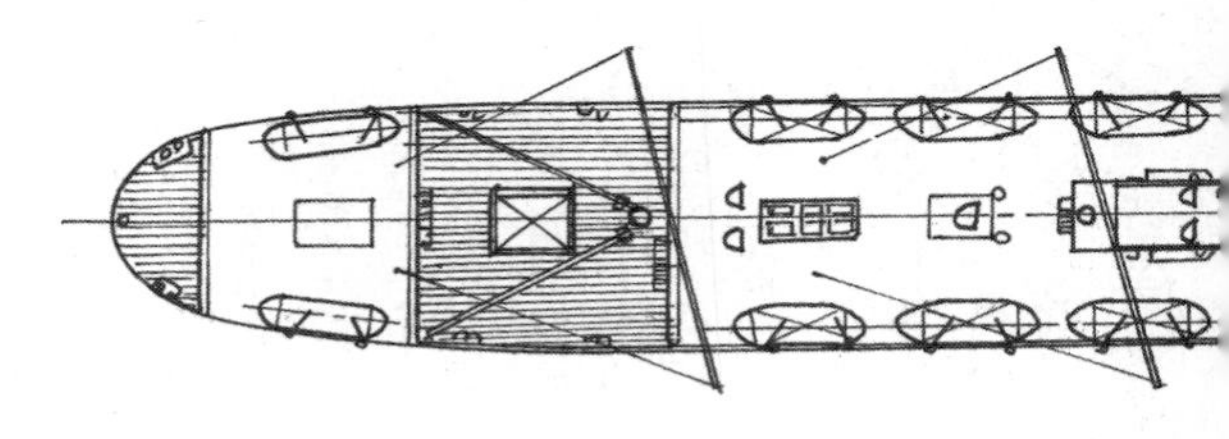

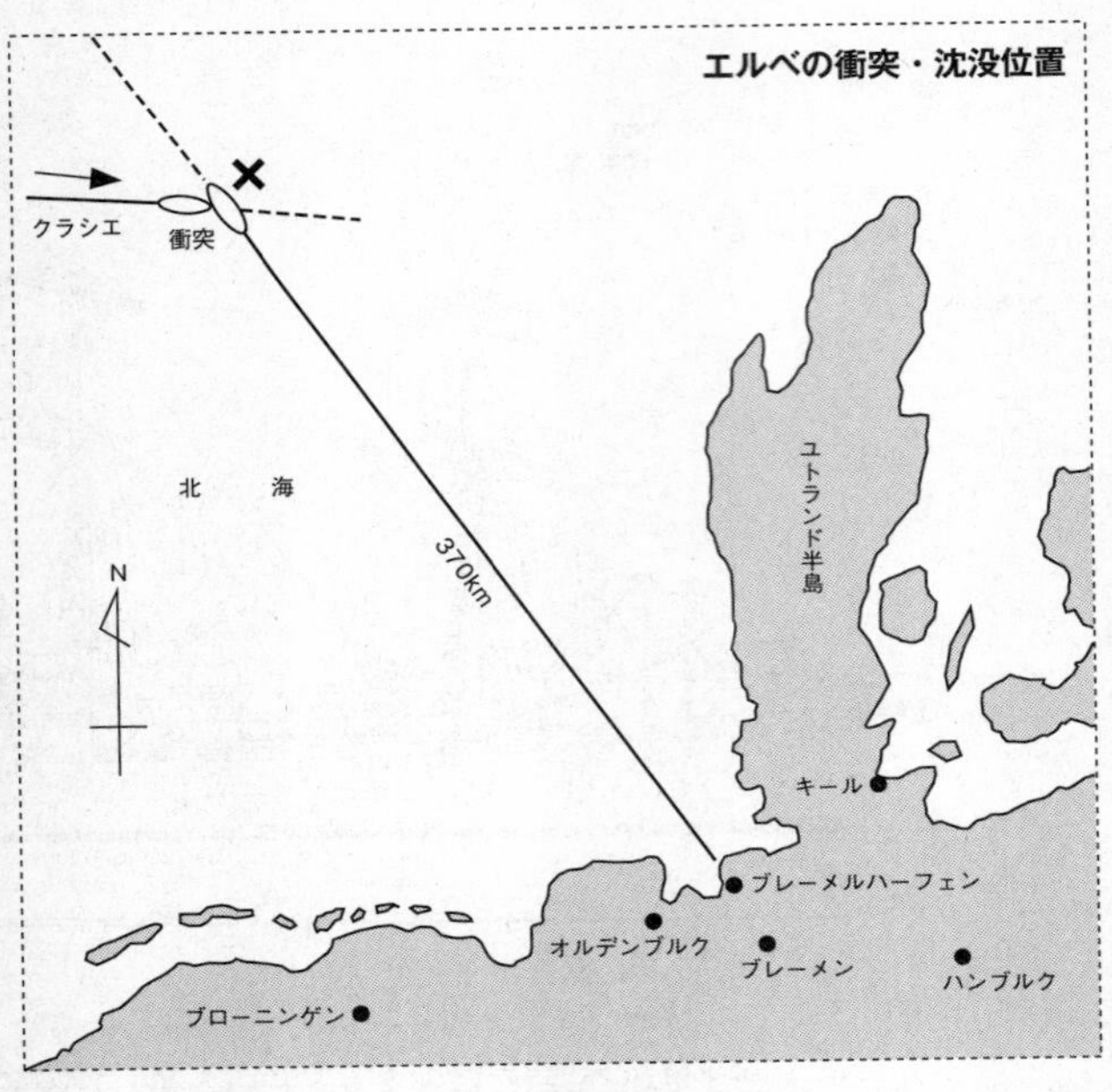

三隻に乗客や乗組員が乗り込んだが、その中の一隻が転覆してしまった。そして二隻が動き出そうとしたときに、エルベは甲板に集まった乗客や乗組員とともに早くも水面下に没してしまったのである。

四日後にブレーメンに近い海岸に一隻の救命艇が漂着したが、厳寒の中で救命艇の中の生存者はわずか二〇名となっていたのだ。

エルベに衝突したクラシエは、その直後、エルベの乗客や乗組員の救助も行なわず現場を去っていったのである。

生存者の証言などから事故

の実態が明るみに出ると、イギリス商船クラシエの船長や乗組員に対する猛烈な非難の声が起きたのである。この事故に対するクラシエ側の言い分は「相手の船は衝突直後に沈没し、乗船者の姿は見られなかったので現場を去った」というものであった。この審判においてはクラシエ側の過失の重大性が指摘され、厳重な処罰が下されたのである。

9　貨物船ナロニックはいずこへ

船の安定性を欠く重心点の高さ

大洋を航行中の船が行方不明になるという事件は、船舶通信網が未発達であった時代には特段に不思議な出来事ではなかった。帆船時代ならいざ知らず、蒸気機関が船の動力として発展段階にあった十九世紀末頃でも無線通信技術は未発達であり、航行中の商船が行方知れずになることは珍しいことではなかった。多くの場合、その船は何らかの理由で遭難したと考えられていたのである。それでもそのなかには衝撃的な船の行方不明事件は少なくなかった。

一八九三年二月十一日、イギリスの名門海運会社であるホワイト・スター・ライン社の大型貨物船ナロニック（NARONIC）がリバプール港を出航しニューヨークに向かった。本船は総トン数六五九四トン、全長一四一メートル、全幅一五・六メートルの鋼鉄製の船体を持つ堂々たる貨物船であった。主機関は二基合計最大出力三〇〇〇馬力の三衝程レシプロ機関を備え、二軸推進での航海速力は一三・五ノットを発揮した。

ただ本船には中央楼をはさんで前後甲板にそれぞれ二本の高いマストが配置され、大型の三角帆（ガフ）が展帆できるようになっており、帆走から機走への過渡期の商船の形態を残していた。

ナロニックには普通の貨物船には見られない特殊な装置が準備されていた。それは船体前後の第二甲板（上甲板の一段下の甲板。通常は貨物艙として使う）には、大規模な牛小屋が設置されていたのだ。これは冷蔵・冷凍設備がなかった当時、大量の牛肉を運ぶための生きた牛を囲い込む場所であった。牛の収容数は一〇五〇頭もの多数におよんだのである。そしてこの多数の牛を扱うために本来の乗組員以外に一四名の要員を乗せていた。ただナロニックが牛を運ぶのはアメリカからヨーロッパに向かうときだけで、ヨーロッパからアメリカに向かうときには牛小屋は貨物室として用いられた。

ナロニックがリバプールを出港したとき、船倉には雑多な貨物が満載されていたが、それ以外に前後の甲板上には合計一〇両の大型の蒸気機関車が搭載されていた。機関車は船倉に収まらず、やむを得ず甲板上にワイヤーで固定されたのである。機関車一両の重量は八〇トン以上と想像される。

甲板上に大量の重量物を搭載することは船の重心点を上げ、船体の安定性を損なうことになるが、ナロニックがこのときどの程度の安全性を見込んで重たい機関車を搭載したのかは不明である。北大西洋の冬期は荒天が多く、船体の安定性にはよほどの注意が必要であったのだ。

このときのナロニックの船長はホワイト・スター・ライン社内でもトップクラスの経験と技量を持つベテラン船長であった。ナロニックのリバプールからニューヨークまでの通常の航海日数は、貨物船の既定の航海速力一一・四ノットであれば一〇日と六時間であった。したがって海上が荒天でない限り、ナロニックがニューヨークに到着するのは二月二十一日の予定であった。

しかしナロニックは到着予定日を過ぎても、さらに数日が過ぎてもニューヨークに姿を見せなかった。ナロニックを含むほぼすべての商船には、この頃はまだ無線装置は搭載されていなかった。

到着予定日を七日も過ぎたとき、ナロニックの積み荷の代理店は事態を憂慮し、この期間に大西洋を横断しニューヨークに到着予定のすべての船に対し、途中の航海事情や天候を訊ねたのだ。それらの船からは二月十四日から二〜三日間、荒天に遭遇したとの返事が返ってきた。ただその荒天も船の航行を危険にさらすほどの激しいものではなかったともあった。そして航海日数の遅れもせいぜい一乃至二日程度のものであったのだ。

荷主たちは、船の規模や設備を考えても、本船は容易に沈没するような船ではないと信じていた。本船の到着遅れは機関の故障により漂流を開始し、四本のマストに帆を張り最寄りの港に寄港しているのではないかと考えたのだ。そこで電信を使ってすべての港に問い合わせをしたが、帰ってくる返事は「該当する船舶はない」というものであった。

ナロニックは会社によれば、当時の商船としては完璧な不沈構造として設計されていると自負し、当初から沈没を否定していたのだ。本船は八つの水密隔壁で仕切られており、どこか一ヵ所または二ヵ所の区画が水没しても沈没する心配はないと考えられていたのである。後の同社の持ち船である客船タイタニックの不沈船理論と同じである。

ナロニックのニューヨーク到着予定日から四週間が過ぎた三月二十一日、本船が沈没したらしいことを証拠立てる物が発見されたのである。この日、ニューヨークに到着したイギリスの貨物船コヴェントリー（ＣＯＶＥＮＴＲＹ）から、途中で「ＮＡＲＯＮＩＣ」と船名が記された無人の救命艇を発見、さらに同じ日にもう一隻の同様の救命艇を発見したとの報告があったのである。

この二隻の救命艇が発見された場所は通常の北大西洋航路から南に約九〇キロ離れた場所で、北アメリカ北部のニューファウンドランド島の東南約一一〇〇キロの位置であった。ただこの救命艇の一隻には帆柱が建てられており、多数の未使用のオールが艇内に置かれていたというのである。ナロニックには乗組員に倍する収容力の救命艇が搭載されていた。

救命艇は発見されたが、ナロニックの行方不明または沈没の真相は不明のままであった。しかし、沈没したのではないか、という唯一の理由は存在したのだ。

ナロニックは航海の途中で、他の船も遭遇したという中規模の荒天に遭遇したであろう。このとき甲板上には合計重量少なくとも八〇〇トンを超える機関車が搭載されており、波による動揺で固縛していたいくつかのワイヤーが切断され、機関車の荷崩れが生じたと考えられた。そして船体の重心位置が高くなっていたナロニックは安定を失い転覆したもの、と判断されたのである。またかろうじて救命艇で脱出した乗組員たちは荒天の中で海に転落したのではないか、と思われるのである。この仮説は可能性の高いものではあるが確証はないのである。

10 フランス客船ブルゴーニュで何が

救難艇に乗っていたのは屈強な男たち

一八九八年に起きたこの衝突事故は、極めて後味の悪いものとして知られている。十九世紀以前に起きた海難事件には、現実には起こり得ないような醜悪、怪異な内容がつきまとうものがある。しかしそれが現実に起きたことか否かについては伝聞の外にあることが多い。けれどもこの客船ブルゴーニュの遭難にまつわる醜聞は現実の話であったのだ。

一八九八年七月、北大西洋上で二隻の商船が衝突した。この事故にともなう犠牲者の数の多さは、当時、世界最悪の海難事件として喧伝された。そしてその後にこの実態が明らかになると、世間はさらなる驚愕に襲われたのであった。

七月四日の日の出前、前日にニューヨーク港を出港しフランスのル・アーブルに向かっていた一隻のフランス客船が、ノバスコシア半島のセイブル島沖を航行していた。この海域一帯は、この季節に特有の濃霧に覆われていた。ブルゴーニュ（LA BOURGOGNE）は一八八六年にフランスのフレンチ・ライン社が建造した総トン数七三九五トンの大西洋横断航路の客船であった。

ブルゴーニュは木鉄混合構造という、木造船が鋼鉄船に移行する過渡期の船であった。船底の竜骨や縦桁や横桁は鉄製（鋼鉄ではなく鍛造鉄）で、甲板や外板には厚い木材が使われていた。上甲板の上には客室を設置するための二層の甲板が設けられていたが、船首から船尾にかけて高い四本のマストが配置され、そこには帆を張るための横桁が各二本渡されていた。蒸気機関に対する信頼性がまだ浸透していなかった時代の蒸気船の特徴で、機関が故障した場合の補助推進装置としての帆装が準備されていたのである。

ただブルゴーニュの主機関は船体構造に似合わず、最大出力八〇〇〇馬力の四衝程レシプロ機関が最新のものが装備され、最高速力一八ノット（時速約三三キロ）という高速力が発揮できた。

ブルゴーニュには一・二・三各等乗客六〇〇名と船長以下一二五名の乗組員が乗船していた。乗船者の合計は七二五名であったが、乗客のうち三〇〇名が婦人客であった。

セイブル島沖を通過したブルゴーニュは針路を一路東にとり、大西洋の横断に向かっていた。濃霧の海域のためにこのときブルゴーニュは安全のために速力を一二ノット（時速約二二キロ）に落として航行していた。

このセイブル島沖は北大西洋を行き交う船舶の航路が最終的に収束する海域で、航行する船舶が多く、その密度が高い海域であった。そのために、とくに濃霧で視界が悪いときには衝突防止のための細心の注意を払っての航行が求められていたのである。

午前七時三十分、ブルゴーニュの前方の濃霧の中から突然、一隻の大型の帆船が現われたのだ。ブルゴーニュも帆船も回避の操作もできないまま、たちまち衝突してしまった。

帆船の船首は木造のブルゴーニュの右舷舷側に衝突し、上甲板付近から吃水線に至るまで深々と舷側を切り裂いたのであった。帆船の船首が舷側に突き刺さったブルゴーニュは一二ノットで航行中だったために相手の船首を引きちぎり、帆船の船首が舷側に突き刺さったまま停止できずに濃霧の中に消えてしまったのだ。

ブルゴーニュ

一方の帆船は船首を引きちぎられたが、前部甲板の船倉の隔壁により浸水はかろうじて食い止めることができた。この帆船はイギリスの帆装貨物船クロマルティーシャイア（CROMARTYSHIRE）であった。

クロマルティーシャイアは応急の修理を行なって沈没を防ぎ、また多くの時間を費やして帆装装置を整え、航行可能な状態に復旧させたのだ。

この頃になって濃霧は急速に晴れ視界も利くようになってきた。そのときクロマルティィーシャイアの乗組員が海上に見たものは、破壊されたブルゴーニュの舷側の残骸であり、そこに配置されていた客室の様々な調度品と就寝中であったと思われる寝間着姿の乗客の数多くの死体であった。しかし衝突した相手の船の姿はなかった。

このときクロマルティィーシャイアはフランスのダンケルクから大量の鋼材をアメリカのフィラデルフィアに運んでいる途中であったのだ。重くなっていた船体は急には停船できず、ブルゴーニュに強力な慣性力で突き刺さり、舷側を破壊したのだ。そしてみずからの船首は消え去ったのである。

修理を終えたクロマルティィーシャイアは無数の残骸が浮かぶ海面の捜索を開始し、生存者の有無を確認した。そして二隻の救命艇が浮かんでいるのを発見したのである。どちらの救命艇も人々でいっぱいであった。救命艇が存在していることは衝突した相手の船が沈没したか、あるいは大破し沈没に瀕していることを示すものである。

クロマルティィーシャイアは早速、二隻の救命艇に乗っている人々の救出作業を開始したのだ。しかしこのときクロマルティィーシャイアの乗組員たちは「ある違和感」を感じたのである。

二隻の救命艇から合計一六三名の人々が助けられたが、彼らの人員構成が異様な印象を与えることになったのである。一六三名中一〇二名が屈強なアフリカ人と思われる男たちであったのだ。そしてその他の六〇名が頑強な体格の白人の男たちで、女性はわずかに一名いるだけであった。

しかも不思議なことに生存者の中には船の甲板部の乗組員が一人もいなかったのだ。救命艇を準備する場合には以後の艇の操作や行動の指揮がとれるように、必ず数名の熟練した乗組員が同時に乗り込むことが脱出時の船の鉄則となっているのであった。

フランスは西アフリカに多くの植民地があり、そこの住民を火夫などの下級船員として多くの船に乗り込ませていることは、当時は世界でも周知の事実であった。

船首を大破したが何とか航行のできるクロマルティーシャイアは、最も近い距離にあるカナダのハリファックス港に向かい動き始めた。このとき幸いにもニューヨークに向かうイギリスの貨物船グレーシアン（ＧＲＡＣＩＡＮ）に出会い、遭難者を同船に移し、クロマルティーシャイアはその後、無事にハリファックス港に到着することができたのであった。

クロマルティーシャイアの船長は、遭難者を乗せている間に、救助されるまでの経緯を白人たちから聞き出そうとしたが、不思議にも彼らは当初、頑なに口を閉ざしたのだ。やがてしだいに話し始めたが、その内容は恐るべきものであった。

彼らの語った内容をまとめると、乗っていた船はフランス船でフランスのル・アーブルに向かう客船ブルゴーニュであった。船は衝突から約四〇分後に右舷側に横倒しとなりたちまち沈没したという。そして沈没時の状況が話し出されると、聞き出した船長も航海士たちも耳を疑うような、にわかには信じ難い事態が展開していたことが判明したのだ。彼らの話す内容には偽りがないことが感じられたのである。

遭難者をグレーシアンに移乗させるときに、クロマルティーシャイアの船長は聞きだした「救助された人々の信じられない行動の様子」をグレーシアンの船長に説明した。そしてニューヨークの港湾局に対して、救助者全員を当分の間拘束し、より正確な事情聴取を行なうように依頼したのであった。

遭難者が話した内容は、一時代前の海難事件に語られていたような醜悪な内容であったのだ。

ブルゴーニュは衝突直後から船体は徐々に右舷に傾き始め、右舷破口からの海水の侵入はその後しだいに勢いを増し、船体の傾きは危険な状態になった。

このとき船底のボイラー室で作業していた屈強なアフリカ人の火夫たちが、いっせいにボートデッキに飛び出し、そこに並べられている救命艇に勝手に乗り込んだのだ。当時の救命艇はボートダビットに繋がれ甲板上に置かれていた。そして緊急の際にはボートダビットを一旦舷外に回転させ、救命艇を舷外に移動させてから人々が乗り込むようになっていたのである。

ボートデッキに突進してきた大勢の屈強な火夫たちは、まだ舷外に配置していない救命艇に我先に乗り込んだために、救命艇を舷外に動かすことができなくなったのだ。

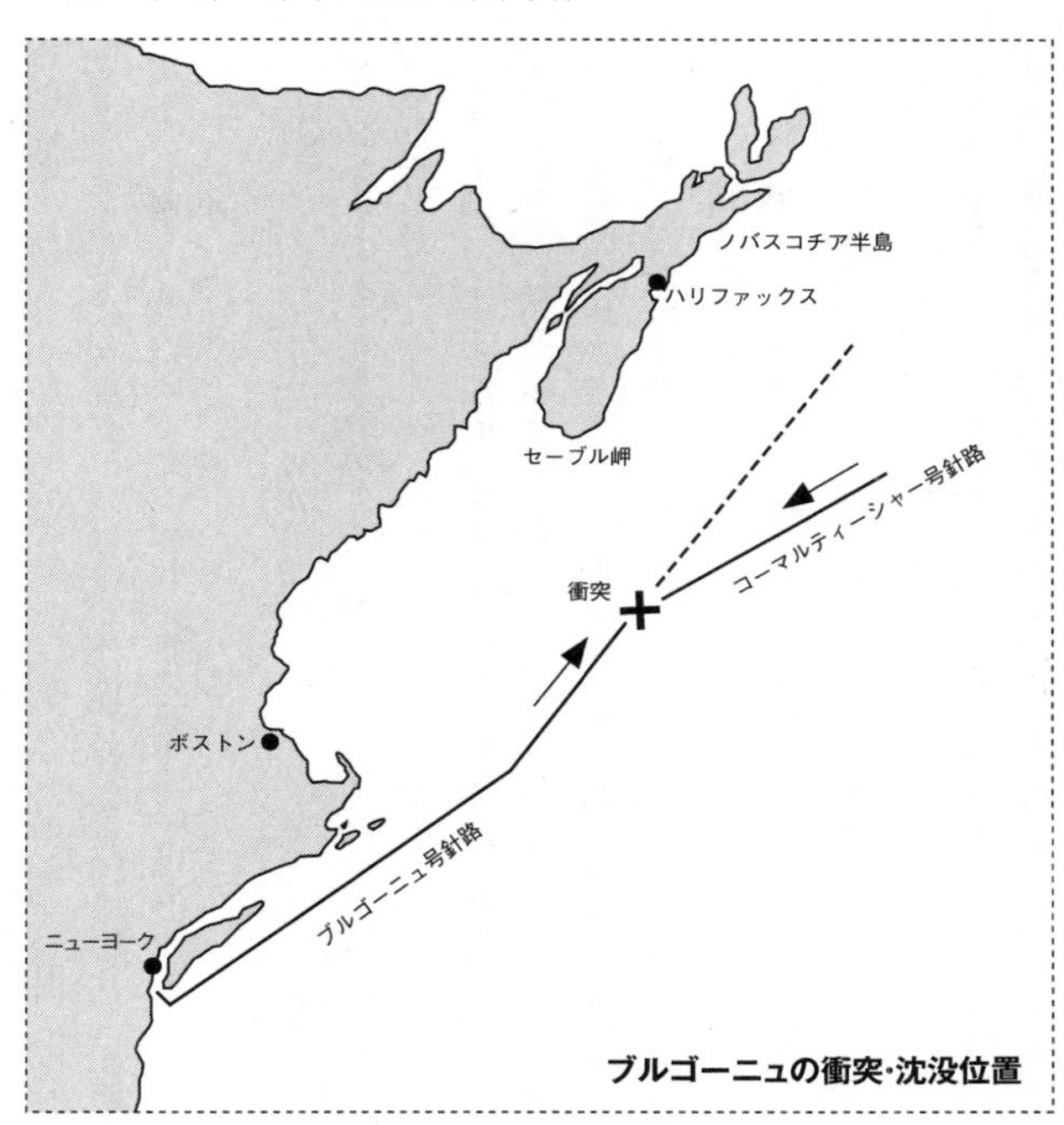

ブルゴーニュの衝突・沈没位置

この状況を打開しようと複数の航海士官が彼らに救命艇から降りることを命じたが、彼らは救命艇に搭載されていたオールや持っていたナイフを振りかざし、制止する士官や乗客たちに襲いかかってきたのだ。そして勝手に救命艇を舷外に振り出すと、救命艇を吊り下げているロープをつぎつぎとナイフで切り離したのであった。救命艇は海面に落下し破損してしまった。彼らは正常な判断ができない状態で暴れ回ったのだ。

このときすでにブルゴーニュの船体は右舷に大きく傾き、左舷の救命艇の降下は不可能になっていた。このために左舷の救命艇に集まっていた火夫たちは右舷側の救命艇に殺到したのだ。

殺到したのは火夫たちばかりではなかった。乗客の中の男たちも他人を押しのけ強引に救命艇に乗り込んだのである。そこではオールでの殴り合いやナイフでの殺し合いもくりひろげられたのだ。

沈没に瀕している船の甲板上は乱闘と殺戮の場と化していた。女性客を最優先に救命艇に乗せようとする船の不文律など、そこには存在しなかったのである。

この騒動のために右舷の一〇隻の救命艇は八隻が落下して破損し、浮いているのはわずか二隻の救命艇だけになっていた。この救命艇にはすでに大勢の船客の男たちが乗り込んでいたが、これを見た船上の屈強な多数の男たちは海に飛び込み、二隻の救命艇に向かって泳ぎ始めた。そして救命艇にしがみつくと乗っている男性客を無理やり引きずりおろし海に投げ込み、自分たちが救命艇に乗り込んでしまったのである。救命艇も乱闘の場と化していたのであった。

そして乱闘が収まったとき、二隻の救命艇に乗っていたのは屈強な火夫たちと、同じく屈強な男性乗客だけになっていたのである。その中にただ一人女性が含まれていたのが不思議なことであった。

クロマルティーシャイアの船長の話によると、救助された者の合計は一六三名で、その中の一〇二名がブルゴーニュの乗組員、つまりボイラー室の火夫と甲板水夫であり、六一名がブルゴーニュの乗客で、航海士官は一人もいなかった。そしてただ一人の女性は一等船客の乗客で、アメリカでは名の知れた大富豪の婦人であったというのである。真偽のほどは別として、救助された男性乗客の語るところによると、彼女は救命艇の男たちに対し、「救命艇に引き上げてくれたら多額の財産を譲る」と叫んでいたという。客船ブルゴーニュの沈没による犠牲者の総数は五六二名に達したのだ。

イギリスの貨物船グレーシアンがニューヨークに到着し、救助された全員は港湾局に預けられたが、この衝撃的なニュースはたちまちアメリカ中に知れ渡ったのだ。そしてブルゴーニュの遭難にまつわる事件は、最も怪奇なものとしてたちまち世間に知られるようになったのである。

この事実を知らされたフレンチ・ライン社のニューヨーク支店では、ただちに救命艇に乗っていた乗組員やフランス人乗客全員を拘束し、厳しい尋問が行なわれた。そして、彼らは監禁状態となり、ひそかに船でフランスに送られたのだ。しかし彼らのその後の様子はまったく不明である。

この醜悪なニュースは、フランス国内でフレンチ・ライン社を処断する事態に発展した。

フレンチ・ライン社はこれに対して、つぎの声明文を発表し、以後この事件には黙秘を続けたのである。

「一八九八年七月三日、北大西洋上で発生した客船ブルゴーニュの遭難に際し、三等船客としてフランスに向かっていた一握りの元フランス船の外国人乗組員が、秩序を乱した行動がくりひろげられた事実があった」

この不明瞭な声明文はむしろ火に油を注ぐ結果となり、以後しばらくの間、ヨーロッパの海運界のフランス船籍の船舶に対し、多くの排他的行動が見られたのであった。

11 デンマーク客船ノルゲの不運
広大な大西洋での信じがたい衝突事件

デンマークのスカンジナヴィアン・アメリカ・ライン社の客船ノルゲ（NORGE）が、一九〇四年六月二十四日、コペンハーゲン港を出港してニューヨークに向かった。ノルゲは総トン数三三一八トン、全長一〇二メートル、全幅一二メートルという中規模の客船であった。

このときノルゲには乗客と乗組員合わせて七七四名が乗船していた。その内訳は乗客七〇三名と乗組員七一名であった。この船は移民客専用船といえる船で、移民客の定員は七五〇名、他に定員一二名分の一等船客室が設けられていた。客船ノルゲがコペンハーゲンを出港したときの乗船客は六九四名が移民客で、九名が一等船客であった。

移民客の国籍は多様でデンマーク人七九名、スウェーデン人六八名、ノルウェー人二九六名、フィンランド人一五名、そしてロシア人二三六名であった。

十九世紀の後半頃のヨーロッパは、長びく凶作や各国の政情不安などから全域が不景気の只中にあり、多くの国の人々が新しい生活を求め、新天地に希望を託し、アメリカに向けて旅立ったのである。そのために西ヨーロッパ各国の海運会社は膨大な移民の輸送のために、こぞって移民輸送用の船を建造し、また既存の大型客船に移民専用の船室を設けて運行していたのである。客船ノルゲも移民輸送専用の客船として建造された船であった。

北大西洋の北東部の広大な海面にロッコール島と呼ばれる「島」があった。この島は例えていえば、大きなグラウンドに落とした小豆粒にも満たない大きさの、北大西洋の海面に突き出た島以外の唯一の突出物であった。北極海から南極海に至る大西洋大海嶺の忘れ物のようなこの突起物は、高さ二三メートル、直径二七メートルの花崗岩の塊で、水深五〇〇メートルの海底から槍のように海面に突き出している。島とは呼ばれているが、実際には単なる岩で、現在（一九七二年以降）はイギリスの領土となっている。

この岩はイギリス本島の北西沖に浮かぶヘブリデーズ諸島から西に約五〇〇キロの位置にあり、北大西洋横断の航路からは外れているが、北欧方面と北米を直接つなぐ航路上に接近していた。このためにこの航路を航行する船舶は注意が必要であるが、衝突する確率はよほどの偶然、万に一つにもあり得ないほどであった。

客船ノルゲがコペンハーゲンを出航後四日目の六月二十八日の夜明け、海上の視界は一面の霧で覆われていた。ノルゲは霧の中を進んでいたが、そのとき突然、船全体を揺るがす猛烈な衝撃に見舞われたのだ。そして何もわからない間に船は船首から急速に沈み始めたのである。

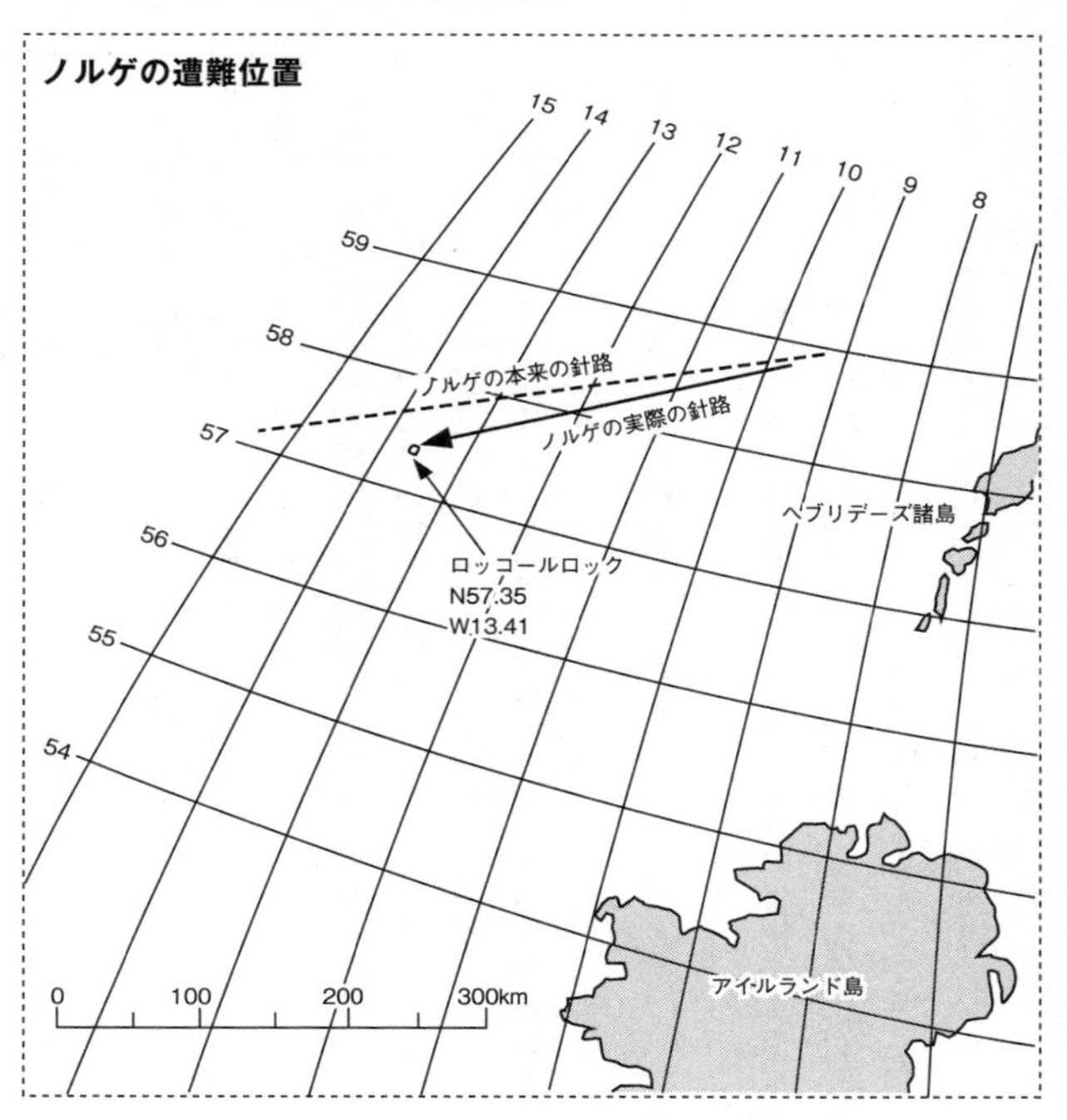

やがて船長や航海士たちは、衝撃の原因が船乗りの間でロッコール・ロックと呼ばれている危険極まりない岩に衝突したことを悟ったのである。

ノルゲには八隻の救命艇が搭載されていたが、救命艇の乗艇人数は一隻あたり五〇名で、とうてい乗船者全員を乗せる余力はなかった。そのために甲板の上には救命筏が一〇基ほど搭載されていたが、これも収容人数は二〇〇名が限界であった。救命艇や救命筏がたとえ全数使用可能であったとしても、このノルゲの乗船者全員を収容することはできないのであった。

ノルゲは急速に沈み始めた。乗客たちは恐怖に襲われ救命艇に殺到した。この混乱の中で一隻の救命艇が海面に転落し破壊した。乗客たちは残りの七隻の救命艇に群れ集まったが、降下操作の不手際でつぎつぎと海面に落下していった。

ノルゲは衝突後短時間で海面下に没し、海面には無数の塵芥が散らばり、数隻の救命艇が満杯の人を乗せて漂っているだけであった。

事故から五日後の七月三日、イギリスのトロール漁船シルヴィア（SYLVIA）が、ブリテン島東部のグリムスビー漁港に入港したが、このとき同船には救助された遭難者二七名が収容されていたのである。

彼らはノルゲの乗客や乗組員であった。このとき初めてノルゲの遭難が明らかになったのである。

続いて七〇名のノルゲの遭難者を乗せたドイツの貨物船エネルギ（ENWRGIE）が、そして三一名の遭難者を乗せたイギリスの貨物船セルボナ（CERVONA）と、つぎつぎと沈没したノルゲの生存者がイギリスの港に帰還したのである。

客船ノルゲの遭難による生存者は一二八名で、犠牲者は六四六名に達したことが判明したのである。

イギリス船セルボナが救助した救命艇にはノルゲの船長が含まれていた。遭難の原因は、正確な天測ができず、予想航路での航行中、あまりにも偶然の中でロッコール・ロックに衝突したことが判明したのである。

12 大型貨客船ワラタの行方

何の痕跡も残さずにインド洋で消えてしまう

九〇〇〇総トン級の大型貨客船ワラタ（WARATAH）の消滅事件は、二十世紀初頭の世界の海運界に大きな衝撃をもたらした。この頃は船舶無線の黎明期であり、大型船でもほとんどがまだ無線装置を搭載していなかった。もしこのときワラタが無線装置を搭載して、他の船舶や各港湾で受信していれば、あるいはこの事件は、容易に解決していたかもしれない。しかしそれは確証が持てないことである。

イギリスのブルーアンカー・ライン社は一九〇八年十月に、オーストラリア航路用の一隻の大型貨客船を建造した。当時のオーストラリアは発展の途上にあり、イギリスやアイルランドなどから多くの移民を受け入れ、また軌道に乗り出した大規模な牧畜や小麦栽培で、大量の物資をイギリスに送り込んでいた。本船もその輸送の一端を担うべく建造された貨客船であった。

船名のワラタとはオーストラリア特有の赤い大きな花で、ニューサウスウェールズ州の州花であった花の名前である。ワラタの総トン数は九三三九トンで、最大出力五四〇〇馬力の当時最新型の四衝程レシプロ機関一基を搭載し、航海速力一三ノットを維持していた。旅客設備は一等と三等だけで、一等は一二八名、三等は一六〇名で合わせて二八八名、乗組員は船長以下一四四名であった。

　ワラタは一九〇八年十月に竣工し翌月オーストラリアへの処女航海に就き、翌年四月に二回目のオーストラリア航海にロンドンを出港した。イギリスからオーストラリアまでの航路は途中の寄港地がアフリカ大陸南端の英領ケープタウン以外にはなく、その距離と航海時間の長さでは世界一となる航路であった。帰りの航路は同じ南アフリカの東海岸のダーバンに寄港し、その後数日の航海でケープタウンに寄港、その後はロンドンまでの長距離航海となっていた。

　オーストラリアのシドニーに到着したワラタは、一九〇九年六月末日にシドニーを出港しロンドンに向かった。このときワラタには乗客六八名と乗組員一四四名の合計二一二名が乗船していた。そして船倉には六五〇〇トンの貨物が搭載されていた。その内訳は小麦、皮革などの他に二〇〇〇トンに達する鉛のインゴットが積み込まれていた。

　ワラタはシドニーを出港後メルボルンとオーストラリア大陸西南端のフリーマントルに寄港した後、南アフリカのダーバンまでの航海であった。

　ワラタは七月二十三日にダーバンに到着し、燃料の石炭を補給し二十六日の午後遅く、つぎの寄港地であるケープタウンに向かって出航した。

ワラタ

ワラタがダーバンを出港した日の夜間から翌日の朝にかけて、航行する海域は時化模様となっていたが、翌二十七日は天候は回復し快晴であった。

このときワラタは僚船に目撃されているのである。イギリスの貨物船クラン・マッキンタイヤはワラタより四時間ほど早くダーバンを出港しケープタウンに向かっていた。クラン・マッキンタイヤは速力が遅く、後方からしだいに近づくワラタが視界の中に入ってきた。そして並走したときに互いに発光信号で通常の挨拶（「航海の安全を祈る」「了解。貴方の安全な航海を祈る」程度の交信）を交わしたのである。その後、速力の早いワラタは先行し、数時間後にはクラン・マッキンタイヤの視界から消えた。

その日の夜間より再び天候が悪化した。このときの荒天は先日よりやや激しいものであり船の動揺も大きかったが、マッキンタイヤは無事に切り抜けている。そしてこの荒天の中を行くワラタが、もう一隻の船に確認されていたのだ。

イギリスの貨物船ハーローは、荒天の視界の中約一・五カイリ（約二・八キロ）の距離を置いて一隻の船（後の証言で船型からワラタと

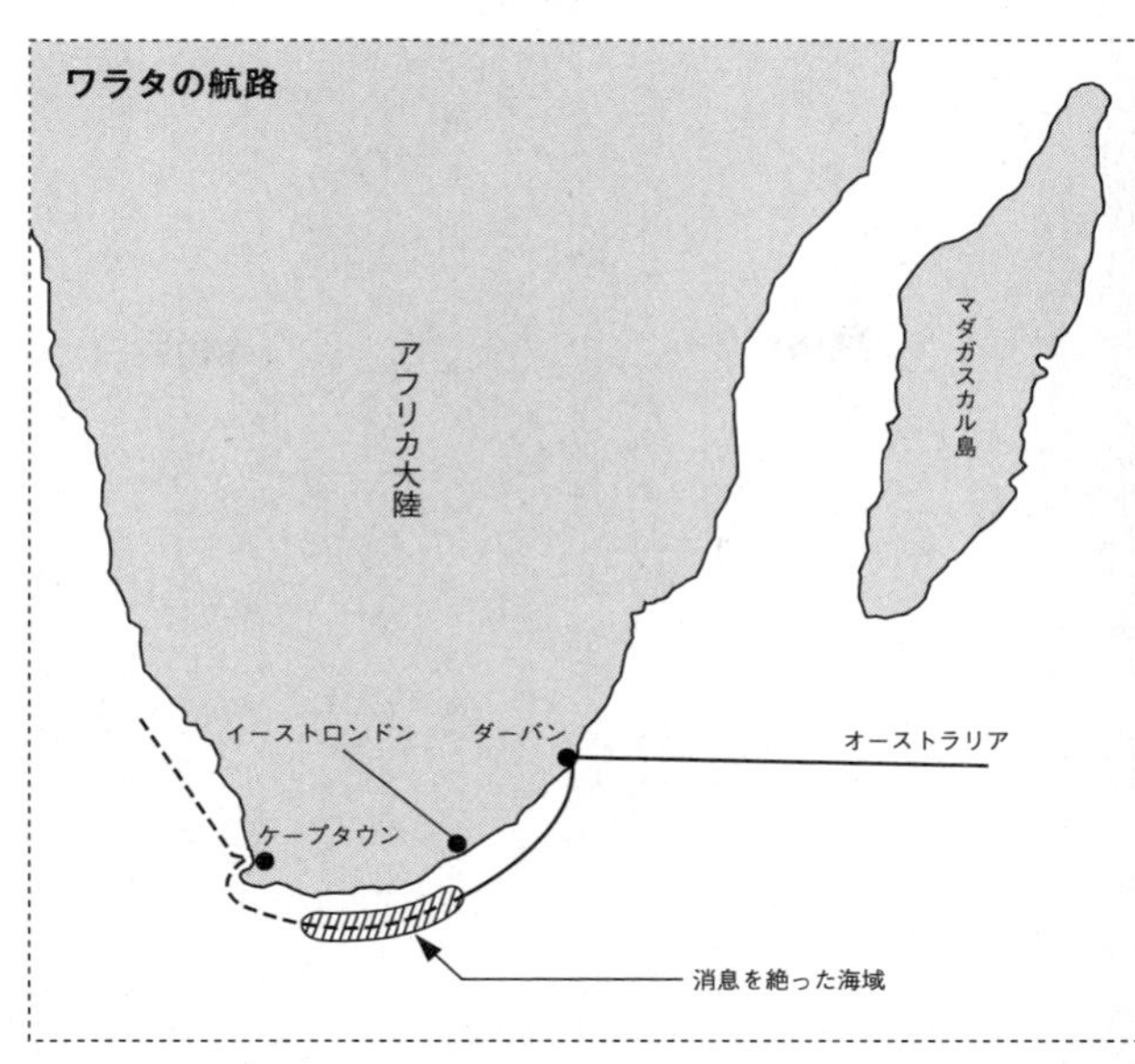

断定）と並行しているのである。しかもその船はハーローより速力が早く、しばらく後には視界から消えたという。このときハーローの当直見張員は、その船に特段の異常は見られなかったと証言している。

ワラタは七月二十九日にケープタウンに到着予定であったが、この日に本船は到着しなかった。速力の遅いマキンタイヤとハーローは七月三十日にケープタウンに入港した。しかしそれから数日が経過してもワラタはケープタウンに姿を見せなかったのだ。

港湾当局はワラタに何らかの支障が生じ、漂流中の可能性もあるとしてケープタウン駐留の複数のイギリス海軍の艦艇を出動させた。そして救難船や在泊中の商船をチャーターし、ワラタの大規模な捜索が開始された。

アフリカ大陸の東南部のインド洋海域は海流が流れており、捜索の範囲はしだいに拡大されていったが、開始から四ヵ月後に何の手掛かりもなく終了したのだ。

ワラタは行方不明となったが、大型の船が行方不明になる事例は少ない。あったとしてもほとんどの場合、何らかの残留物が存在する。二十世紀初期に起きた著名な大型船行方不明事件としては、一九一八年にカリブ海でのアメリカ海軍の給炭艦サイクロプスがある。この事件は現在に至るまでその真相が不明のままとなっている。

ワラタの行方不明事件は、しばらくの間イギリスばかりでなく西欧の海運国で様々な憶測が流れ話題となったが、その後忘れ去られてしまった。この憶測には晩年期の著明な作家コナン・ドイルも独自の推理を巡らしたエピソードがある。

ワラタとサイクロプスの事件については共通点があった。それは二隻ともに比重の大きな金属の原材料を普通船倉にばら積みにしていることである。サイクロプスはマンガン鉱石、ワラタは鉛のインゴットである。いずれも普通の貨物よりははるかに重量のある搭載物であった。

この時代の貨物船へのばら積みは通常型船倉へのばら積みで、大きな波による船の動揺によって荷崩れが起きる可能性は極めて高い。比重の大きな物質のインゴットが荷崩れを起こした場合には船の傾斜の回復はおそらく不可能である。船が転覆する可能性は極めて高いのだ。ワラタは荒天の海を航行しており、荷崩れによる不意の転覆が起きた可能性は否定できないのである。

13 CQD、CQD、こちら……

船舶無線による初の救難信号はいつ発せられたのか

世界で最初に船舶救難信号が活用されたのは一九〇九年一月とされている。その当時、もし船舶救難信号が実用化されていれば救助されたと思われる事例は存在した。貨物船ナロニックあるいは貨客船ワラタの事例など数多くある。いずれも船舶通信が一般化される前後に起きた行方不明事件であった。

船舶から初めて無線送信が行なわれたのは一八九八年のことである。アメリカの客船セントポールに備えられた試験的な送信機から陸上に送られた無線であった。その後、無線装置は船舶用に改良され、正式な船舶用無線装置が初めて搭載され実用化の火ぶたを切ったのは一九〇〇年で、搭載した船はドイツの著明な大型高速客船カイザー・ヴィルヘルム・デア・グローセである。

けれども海運会社の多くはまだ船舶無線には懐疑的で、積極的に船舶無線を活用しようという気運には達していなかった。一九〇五年に起きた日本海海戦で特設巡洋艦（当時は通報艦と呼ばれた）「信濃丸」がロシア艦隊を発見し、無線を発したことは有名であるが、ここに至っても世界の海運界ではまだ船舶無線には用心深かった。

しかしこのときから数年後に船舶無線の必要性を決定させる二つの大きな出来事が起き、その後は急速に発展を遂げることになったのである。この二つの出来事にはいずれもイギリスの名門海運会社が関連していたのだ。

一九〇九年一月二十三日の夜明け、北アメリカ北東端のナンタケット島の南西沖を、大西洋に向けてホワイト・スター・ライン社の客船リパブリック（ＲＥＰＵＢＬＩＣ、総トン数一万五四〇〇トン）が航行中であった。

このとき本船はこの海域特有の濃霧による視界不良の中で羅針盤を頼りに東に向けて進んでいた。午前五時四十分、視界は真っ暗でしかも濃霧の中であった。このとき本船の進む霧の中から突然、一隻の大型船が姿を現わしたのであった。

リパブリックは避けるいともなかった。その船はリパブリックの右舷船体中央部に衝突したのだ。リパブリックの船体中央部はボートデッキから吃水線下の機関室にいたるまで大きく破壊されたのである。海水は瞬時にして衝突で生じた裂け目からリパブリックの船内に激しく流れ込んできた。そして衝突した相手船は後進をかけ、たちまち濃霧の中に消えてしまったのだ。相手船の正体はまったく不明であった。

ここで船長はただちに船舶無線士に対し救難無線の発信を命じたのだ。このときの救難信号は「ＳＯＳ」ではなく「ＣＱＤ」であった。リパブリックから発せられた信号は、「ＣＱ

リパブリック

D、CQD、こちら客船リパブリック。全無線局に発信する。本船はナンタケット島の南西二六カイリ（約四八キロ）の地点で正体不明の船に衝突され、沈没に瀕している。推定位置○○。大至急救助を乞う」であった。
本船は衝突と同時に電源モーターは水没して不通になり、急ぎ予備バッテリーを使い救難信号が発せられたのである。

この救難信号は幸運にも付近の海域を航行中のフレンチ・ライン社のラ・トレーンと同じホワイト・スター・ライン社のバルチックが受信していた。両船は霧のために捜索に手間取ったが、霧が晴れた後に遭難船を発見した。そして沈没に瀕しているリパブリックに接近し乗船者の救助を開始したのであった。

世界最初の救難信号は見事に成功をおさめたのである。

衝突した船はイタリアの客船フロリダ（総トン数五〇〇〇トン）で、九〇〇名の乗客を乗せてニューヨークに向かう途中であったのだ。

この衝突事故による犠牲者は、リパブリックの機関室の乗組員三名であったが、もし船舶無線がなかった場合には濃霧の中での救命艇による脱出が展開され、その後の捜索活動を含め多くの犠牲者が出たものと考えられるのである。

この事件の直後にホワイト・スター・ライン社は有名な巨大客船タイタニックの建造を始めるが、こんどは同船が救難信号「ＣＱＤ」を発することになったのである。「ＳＯＳ」はタイタニックの遭難事件後に改められた救難信号なのである。

14 大型客船エンプレス・オブ・アイルランド

雪解けの冷たい河口に沈んだ大西洋航路の客船

本船の沈没は有名なタイタニックの事件から二年後に起きた大型客船の喪失で、犠牲者は一〇〇〇名を超える大惨事であり、第二のタイタニックとして騒がれても当然であった。しかしこの海難事件が世に知られることはほとんどなく、ましてや日本では海運・海事関係者でさえ詳細を知る者が少ないのである。

この事件は一九一四年五月二十九日に起きたが、それから一ヵ月後にバルカン半島で起きた暗殺事件が拡大し、事件発生から二ヵ月経たない間に世界を揺るがす第一次世界大戦が勃発したのである。この遭難事件はニュースの片隅に追いやられ、世間の注目をほとんど浴びることがなく、戦争が終結した時点では悲劇は忘れ去られてしまったのである。

この海難事件はタイタニックの沈没のようにドラマチックな舞台はなく、極めて短時間の間に船は沈没し、世間には話題性の少ない事故として認識されたのである。事実この海難事件を扱った書籍などはタイタニックに関連する数多の書籍に比較し極端に少なく、日本ではほとんど見かけることがない。しかし事故の実態は想像以上に悲惨なものであったのだ。

エンプレス・オブ・アイルランド（EMPRESS OF IRELAND）は総トン数一万四一八九トン、全長一七三・七メートル、全幅二〇メートル、合計出力一万八八〇〇馬力の三衝程レシプロ機関二基を装備し、最高速力一九・八ノットを出せた。旅客定員は一等・二等・三等合計一三一〇名、乗組員数は船長以下二七七名で、他に三〇〇〇トンの貨物の搭載も可能であった。

本船は一九〇六年六月に完成し、イギリスのカナディアン・パシフィック・ライン社の北大西洋航路の主力として、イギリスのリバプールからカナダのケベックとモントリオール間の航路に就航した。この航路は特徴があり、北アメリカに到着すると、カナダ第三位の大河セントローレンス川（全長三一〇〇キロ）を河口から約二五〇キロ遡上し、ケベックに到着するのである。

セントローレンス河は氷河跡が大河になったもので、幅が広く水深も深く、ケベックまでは大西洋航路用の大型船舶でも航行が容易であった。ただ毎年十二月から翌年五月中旬までは川が凍結し、船舶の航行はできなくなるので、この間は河口に近いハリファックスが航路の終点となった。そのために毎年ケベックまでの航路の再開は五月下旬となっていた。

一九一四年のカナダのケベックに向かう最初の客船がエンプレス・オブ・アイルランドであった。五月二十八日の午後四時、本船はケベックから折り返しのリバプール行きの便としてケベックの岸壁を離れた。

エンプレス・オブ・アイルランド

セントローレンス河を航行する際には細心の注意が必要であり、河口からケベックやモントリオールを往復する際には、航路を熟知したパイロット（水先案内人）が乗船し船長に代わり船を指揮する規則になっていた。ただし常時この区間を航行する船舶の船長は、特任の航行資格を取得し、パイロットを乗せずにこの区間を航行することができた。

このために、セントローレンス河の河口近くの右岸にファザー・ポイントというパイロット・ステーションがあり、特任船長が指揮する船以外はかならずここに一旦停泊し、パイロットを乗下船させる必要があった。

ケベックを出港したエンプレス・オブ・アイルランドの乗船者は各等合計一〇五七名の乗客と乗組員四二〇名、合わせて一四七七名であった。また船倉には一般貨物一〇〇〇トンが搭載されていた。このとき一等船客には世界的に有名な俳優のローレンス・アービング夫妻が乗船していた。また二等船客二五三名の大半を占めていたのは、ロンドンで開催される世界救世軍大会に出席するカナダやアジア方面で勤務する救世軍の団体客であった。

エンプレス・オブ・アイルランドは翌二十九日の午前一時三十分頃、ファザー・ポイントのパイロット・ステーションに到着しパイロットを降ろした。そしてすぐに出航し大西洋に向かったのである。本船がファザー・ポイントから下流に約八キロの位置に達したのは午前二時頃であった。この付近はすでにセントローレンス河の河口近くであり川幅は約一〇〇キロに達していた。

エンプレス・オブ・アイルランドは航行規則に従って右岸から二キロほどの位置を大西洋に向かっていた。このとき河口から一隻の大型船が近づいてきたのだ。この船はノルウェーの貨物船ストールスタッド（ＳＴＯＲＳＴＡＤ、総トン数六〇〇〇トン）であった。ストールスタッドは約一万トンの石炭を積んでモントリオールへ向かっており、パイロット・ステーションでパイロットを乗せるために、船を航行規則に従わずに右岸に接近して航行していたのである。

船の航行は特別の指定がないかぎり、いかなる場合でも右側通行が鉄則で、相手の船の航行を阻害することは厳重に禁じられていた。この場合もストールスタッドは大西洋に向かう船の航路を妨害するような岸に接近した航行は完全な違反行為になるのである。

ストールスタッドは船舶の航行がほとんどないこの時間帯に、パイロット・ステーション

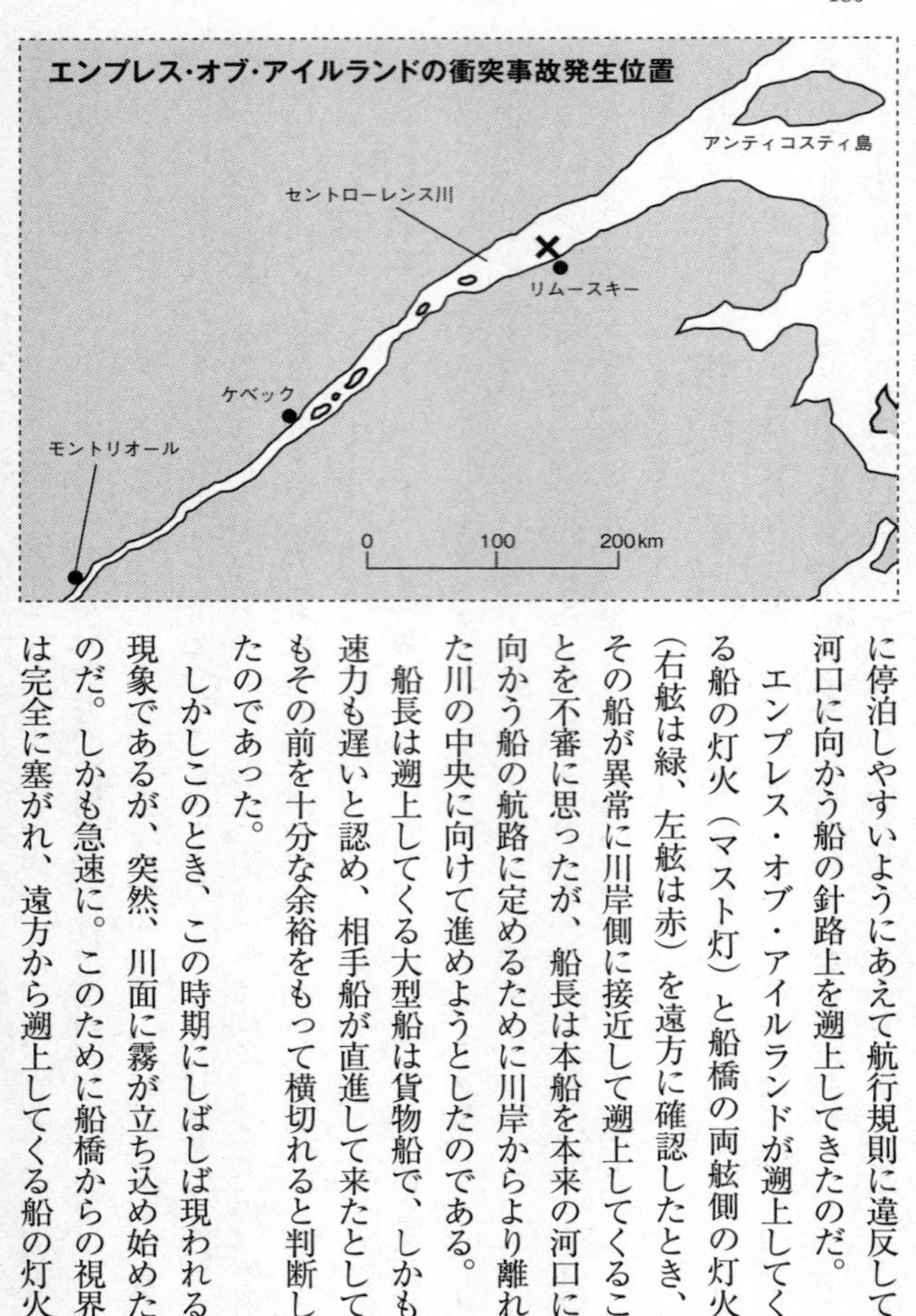

に停泊しやすいようにあえて航行規則に違反して河口に向かう船の針路上を遡上してきたのだ。

エンプレス・オブ・アイルランドが遡上してくる船の灯火（マスト灯）と船橋の両舷側の灯火（右舷は緑、左舷は赤）を遠方に確認したとき、その船が異常に川岸側に接近して遡上してくることを不審に思ったが、船長は本船を本来の河口に向かう船の航路に定めるために川岸からより離れた川の中央に向けて進めようとしたのである。

船長は遡上してくる大型船は貨物船で、しかも速力も遅いと認め、相手船が直進して来たとしてもその前を十分な余裕をもって横切れると判断したのであった。

しかしこのとき、この時期にしばしば現われる現象であるが、突然、川面に霧が立ち込め始めたのだ。しかも急速に。このために船橋からの視界は完全に塞がれ、遠方から遡上してくる船の灯火がまったく確認できなくなったのである。

　一方の貨物船ストールスタッドでは河を下ってくる船の灯火を認めたが、この船は、そのまま下流に向かって進んでくるだろうと判断し、衝突の危険を避けるために船を少し河の中央部に向けて舵を切ったのであった。

　それからしばらく後、視界のまったく利かない霧の中を河の中央に向かって進んでいたエンプレス・オブ・アイルランドの船長が見たものは、霧の中から本船の右舷に急速に接近してくる大きな船のおぼろげな姿であった。

　船長は機関室に対し前進全速の指令を出したが、相手船を横切ることは不可能と判断し、あらためて後進全速を命じたのであった。しかし遅かったのである。

　大型の船体は河の流速に押され、瞬く間に相手船に舷側から接近し、エンプレス・オブ・アイルランドの右舷舷側にはストールスタッドの船首が轟音と衝撃とともに深々と突き刺さり、舷側を切り裂いたのであった。貨物船ストールスタッドの船首は冬の北海の航行に適するように強靭な砕氷構造になっており、船体を切り裂くことは容易であったのだ。

　衝突の直後、ストールスタッドでは急いで機関を後進にしたために、船首はエンプレス・オブ・アイルランドの船体から離れてしまった。これは貨物船にとっては誤った操船であったのだ。衝突の状態を保たず船を離した場合、相手の舷側に生じた巨大な破壊口からは一気に大量の水が船内に流れ込み、沈没を加速させる危険があるので、そのままにすべきであっ

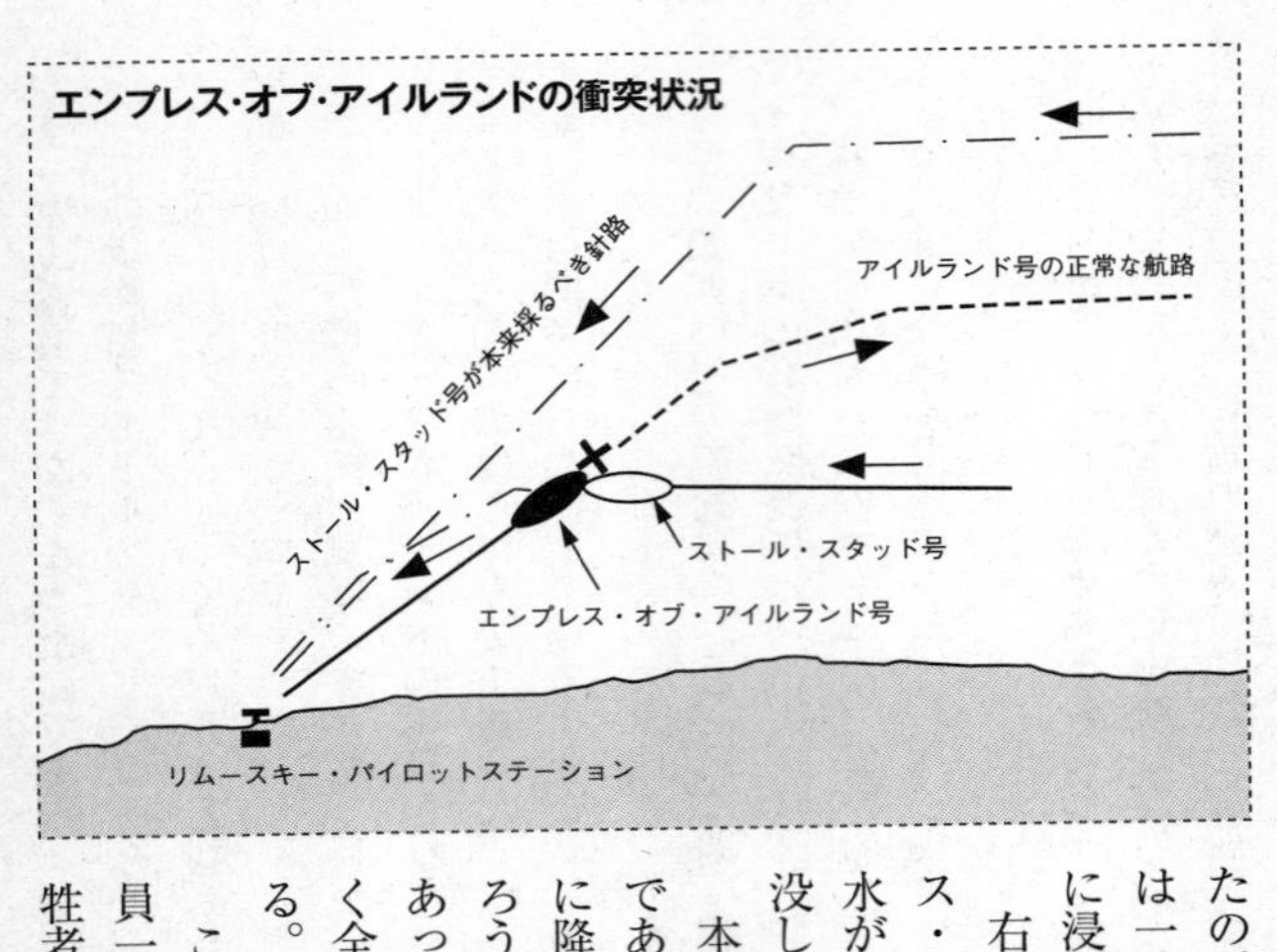

たのだ。ここでエンプレス・オブ・アイルランドは一分間に三〇〇〇乃至四〇〇〇トンの水が船内に浸入したと考えられている。

右舷舷側に巨大な破壊口がえぐられたエンプレス・オブ・アイルランドの船内には一気に大量の水が流れ込み、船体は右舷に傾き急速に水面下に没していったのだ。

本船が沈没するまでの時間はわずか一五分程度であった。このわずかの間に六隻の救命艇が水面に降ろされている。まさに奇蹟であった。またかろうじて脱出できた乗客もほぼ全員が寝間着姿であった。他の乗客は船室から逃げ出すいとまもなく全員が氷のような冷たい水の中に没したのである。

この沈没による犠牲者数は乗客八四〇名、乗組員一七二名の合計一〇一二名に達した。乗客の犠牲者数はタイタニックの沈没時の八一五名を明らかに超えるという大惨事となったのだ。エンプレス・オブ・アイルランドの沈没は極めて急速に進み、そこには後世に伝えられるようなドラマは何一つ存在しなかった。

エンプレス・オブ・アイルランドの船内には、当時の価格で約四億円相当の銀塊が積み込まれていたが、後に回収されている。本船は沈没現場が汽水域であるために腐食度合いも軽微で、現在でも水深三九メートルの河底に沈んでいる。

15 日本海軍巡洋艦「矢矧」

乗組員がインフルエンザに感染して航行不能

第一次世界大戦が終結した直後の一九一八年（大正七年）十二月、この戦争末期に西部戦線で猛威を振るっていたスペイン風邪が、日本海軍の巡洋艦「矢矧」の乗組員にも伝染、その後大半の乗組員が罹患し艦の運航ができなくなるという珍事が起きたのである。

二等巡洋艦「矢矧」は一九一二年（明治四十五年）七月、「筑摩」型巡洋艦の三番艦として三菱造船社の長崎造船所で完成した。本艦は基準排水量四四〇〇トン、全長一三四メートル、全幅一四メートル、一五センチ単装砲八門と魚雷発射管三門を搭載、四基合計の最大出力二万二四〇〇馬力の蒸気タービン機関で四軸を推進し、最高速力二六ノットを発揮した。本艦の乗員は四一四名、姉妹艦には「筑摩」「平戸」がある。

第一次大戦に日本は連合軍の一員として参戦した。この戦争で日本海軍の任務の一つに、インド洋や太平洋で通商破壊作戦を展開するドイツ海軍の巡洋艦や特設巡洋艦（別称、仮装巡洋艦）の掃討作戦があった。軽巡洋艦「矢矧」の任務は主にインド洋で神出鬼没のドイツ艦の探索と掃討であった。

二等巡洋艦矢矧

一九一八年十月になると、ドイツは連合軍との停戦交渉を進めることになった。インド洋で哨戒任務にあたっていた軽巡洋艦「矢矧」は任務の交代になり、日本への帰途についた。その途中に乗組員の休養も兼ねシンガポールで数日間、停泊したのである。シンガポールは様々な国の軍人や民間人、あらゆる人々が混在している都市であるが、「矢矧」がシンガポールを出港して数日後から、艦内にスペイン風邪らしき症状をみせた乗組員が多数、同時に現われたのであった。シンガポールでの休養中に不特定多数の乗組員が市中でスペイン風邪に罹患したようであった。

「矢矧」がシンガポールを出港したのは十一月末であったが、数日中には艦内の罹患者が急速に増え出したのであった。各配置も所定の員数に達せず、業務・任務に支障が生じ始めたのである。艦長や航海士自身が高熱のために任務つくことができない状態となり罹患者は日を追うごとにさらに増加、当直要員の不足は艦のそれ以上の航行を不可能にする状態になったのであった。

「矢矧」は、ついにフィリピンのマニラに緊急停泊することになったのである。「矢矧」からは日本に緊急の状況報告が行なわれ、日本から交代・補充乗組員が急遽、マニラに送り込まれることになったのである。

本艦はかろうじてマニラ港に入港したが、必要な要員の配置もかなわず、投錨作業も罹患者が高熱を押してどうにか行なったのだ。

入港直後に、艦内の重症患者一四〇名はただちにマニラのセントポール病院に運び込まれた。その直後に日本から交代要員を乗せて派遣された軽巡洋艦「秋津洲」他がマニラに到着した。「矢矧」は日本に帰還することができたのであった。

軽巡洋艦「矢矧」艦内のスペイン風邪の罹患事件で命を落とした乗組員は、副長を含めじつに四八名に達した。スペイン風邪とは現在のインフルエンザのことで、一九一八年頃から翌年にかけてヨーロッパを中心に膨大な数の犠牲者が出たことで知られている。

16 貨物船「来福丸」の遭難
日本人蔑視と騒がれた海難事件

この事件は一九二五年（大正十四年）四月に大西洋の北アメリカ沖で起きた。日本からは遠隔の地での海難事件であるが、沈没時の状況には「ノルマントン号事件」を思い起こさせるものがあり、西欧人の人種差別的な雰囲気が漂う不快な出来事として一時日本国内で大きく騒がれた。

「来福丸」は第一次世界大戦の中頃から戦争終結後にかけての五年間に、川崎造船社が七五隻も建造した同一規格の量産型貨物船である。第一次大戦では日本は連合軍側の一員として参戦し、太平洋とインド洋を中心にドイツ艦艇の跳梁抑止のために海軍戦力を配置し、また第二特務艦隊を組織して地中海方面の連合軍輸送船の援護で大きな貢献をしている。

このような中で建造された七五隻の本級船は、日本ばかりでなく船腹の不足に悩む連合国側にも輸出されているのである。一種の戦時設計船ともいえるが、太平洋戦争中に建造された戦時規格型の戦時急造商船とは異なり、極めて上質な造りの貨物船であった。

「来福丸」は総トン数五八五七トン、全長一一七・四メートル、全幅一五・五メートルの大型貨物船で、最大出力二四〇〇馬力の三衝程レシプロ機関により航海速力は一〇・五ノット（時速一九・四キロ）であった。当時のこの規模の貨物船の航海速力は一〇乃至一一ノットの低速が標準だったのである。

「来福丸」は日本の大型商船として最短期間で建造された船として知られていた。この船が建造された頃（一九一八年十一月竣工）はまだ戦争中で、少しでも早く船を送り出すことが求められていたのであった。本船は川崎造船社の神戸造船所で造られたが、起工から進水までわずか二四日間という驚異的な短時間だったのである。

「来福丸」はその後、国際汽船社に売却された。そして同社は一九二五年春にパナマ運河経由の東回り欧州航路を開設したが、本船をこの航路に配船したのであった。

東回り欧州航路は横浜を出港後は途中サンフランシスコに寄港し、パナマ運河をへてニューヨーク・フィラデルフィア・ボストンを経由し、大西洋を横断してドイツのハンブルグを終点とするものであった。同社は本航路に複数の貨物船を配置し、月二便の航海を開始したのである。

一九二五年四月十九日、小麦七四〇〇トンを積み込んだ「来福丸」はニューヨークを出港しハンブルグに向かった。そして四月二十一日、カナダ東北のノバスコシア州のハリファックスから南々東二〇〇カイリ（約三七〇キロ）の位置から、「来福丸」はＳＯＳの緊急救助要請の通信を発したのだ。

来福丸

その内容は「こちら日本の貨物船『来福丸』。暴風雨の激浪で船倉のハッチが破壊。海水が船倉に浸入。ボートデッキの救命艇のすべてが激浪で破壊された。沈没に瀕している。救助を乞う」というものであった。

この緊急信号はたまたま付近を航行中であったイギリスの大型客船ホメリック（HOMERIC、三万四〇〇〇総トン）が受信した。同船はただちに沈没に瀕している「来福丸」に向かったのである。

ホメリックが現場海域に到着したとき、同船が確認したのはすでに船体が六〇度も傾き転覆寸前の状態の「来福丸」であった。そしてホメリックは救命艇を降下させることもせず、沈没寸前の「来福丸」を観察しているだけで、救助のための特段の手段はとらなかったのであった。

ホメリックが現場に到着してから一時間後の午後十二時五分過ぎに「来福丸」は転覆し、波間にその姿を消した。そして荒れる付近の海面には遭難者の姿が散見されたが、ホメリックは何も対策をとらずに現場を離れたのだ。

翌二十二日、国際汽船社は「来福丸」遭難の急報を無線で受けると、

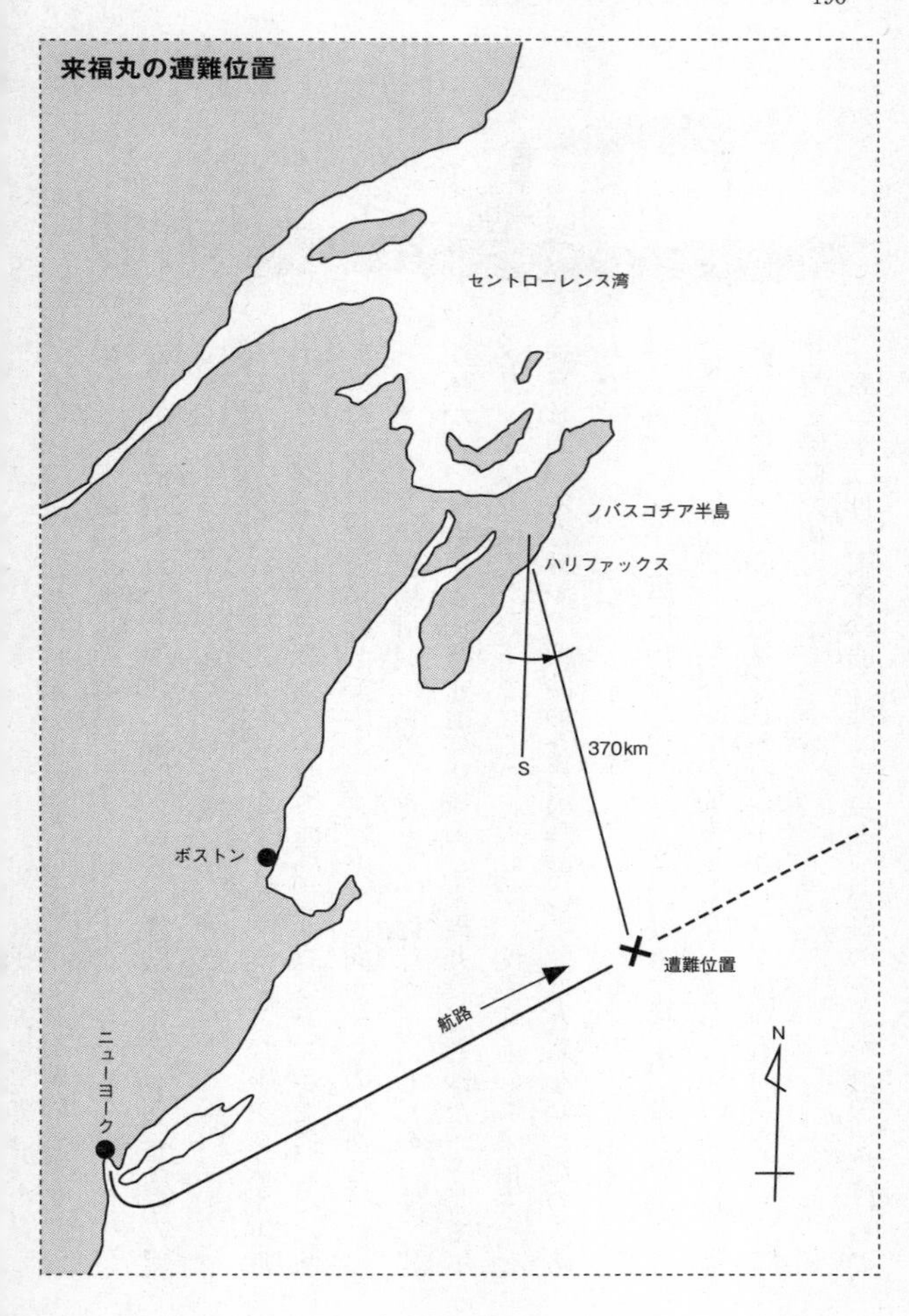
来福丸の遭難位置
セントローレンス湾
ノバスコチア半島
ハリファックス
370km
S
ボストン
遭難位置
航路
ニューヨーク
N

同社のニューヨーク出張所に以後の捜索と救助の手配を指示したのであった。ニューヨーク出張所はカナダ海軍に対し付近海域の捜索を要請すると同時に、川崎汽船社のニューヨーク出張所にニューヨークに入港したばかりの川崎汽船社の貨物船「ぽーとらんど丸」に遭難海域の捜索を依頼したのである。

しかし、周辺海域には「来福丸」の沈没を示す遺留品や遭難者の遺体も発見できず、捜索は終了したのである。そしてこの事件はその後に大きな騒動を起こしたのであった。

当時、現場海域に停船しながらも救助の手段を講じなかったホメリック側の行動に対し、日本海員協会や日本海員組合はその所有会社であるホワイト・スター・ライン社に猛烈な抗議を展開したのであった。その中には「ノルマントン号事件」を思い起こさせる人種差別に関わる抗議も含まれていた。ホワイト・スター・ライン社側の対応は鈍く、日英間のからみもあり、いつしか事件は終息したのであった。

17 フランス客船ジョルジュ・フィリッパー

処女航海で不可解な火災により失われる

フランスの極東航路用に建造されたジョルジュ・フィリッパー（GEORGES PHILIPPAR）はフランスの極東航路の雄、メサジェリ・マリティーム社（MESSAGERIES MARITIMES）の三姉妹客船の一隻として建造された。他にアラミス（ARAMIS）、フェリックス・ルーセル（FELIX ROUSSEL）がある。三女にあたるアラミスは太平洋戦争中に日本に徴用され「帝亜丸」と改名され、陸軍将兵の輸送船として活躍したが、一九四四年八月に米潜水艦の雷撃を受けて沈没、二六五四名という多くの将兵の犠牲者を出したことで知られている。また長女のフェリックス・ルーセルは客船としては長寿の四三年間の生涯を全うした後に解体された。

ジョルジュ・フィリッパーは一九三二年一月に、フランスの名門造船所であるサン・ナゼール造船所で完成した。本船は総トン数一万七五三九トン、全長一六五・四メートル、全幅一四・三メートル、ディーゼル機関駆動で巡航速力は一五ノットであった。旅客定員は一・二・三等合計一〇四五名、乗組員三四七名である。本船はイギリスや他のフランスの極東航路用の客船と同じく、三等船客の定員の中には、船室を持たずに甲板で起居する六五〇名のデッキパッセンジャーも含まれていた。

デッキパッセンジャーは、アラビア半島のアデンからフランス領インドシナのハイフォン間の区間限定で、甲板に格安の値段で乗船・起居することが認められた「準船客扱い」の乗客なのである。ただ彼らの正確な乗船者数についてはつねに正確さにかけていたのだ。毎回不正乗船者（無賃乗船者）が多く存在していたからである。

ジョルジュ・フィリッパーは建造の時点から災難に見舞われた不運な船であった。進水後の船内艤装工事の最中に船室から不審火の火災が発生、完成していた船室の多くを消失したのだ。つぎの災難は、処女航海の準備に追われている最中に最寄りの警察から、「貴船を爆破するという正体不明の電話が入った」として、出港準備を一旦中止し大掛かりな船内捜索が行なわれる事態となった。しかし結果的には何一つ不審物の発見にはいたらなかった。

一九三二年二月二十六日、ジョルジュ・フィリッパーはマルセイユ港を出港し、処女航海の途についた。そしてコロンボ、シンガポール、フランス領インドシナの諸港に寄港、香港を経て四月十四日に無事に日本の横浜港に到着した。

帰途、中国の上海港に寄港したときに再び災難に見舞われたのである。この頃の日本は上海事変と満州事変が展開していた頃で、日本と中国の間は不穏な状態になっていた。そこに日本から到着したのがジョルジュ・フィリッパーである。中国の上海港管理局の大勢の監督

ジョルジュ・フィリッパー

官が突然、本船を訪れ、「この船には日本軍に渡す重要危険物が積み込まれている。貨物全数を検査する」と言い、搭載貨物の一斉検査が行なわれたのである。しかし危険物らしき物は発見されず無罪放免となったが、出航は大幅に遅れることになった。

ジョルジュ・フィリッパーがセイロン島のコロンボ港を出港し、つぎの寄港地アデンに向かっているときに最後の災難に遭遇したのであった。

五月十六日の午前二時、一等船室の六号室で電気回路の不良からか、電気回路のショートでボヤが発生した。突然のショートであり、その原因はまったく不明であった。このボヤは消火に手間取っている間にたちまち船室全体に燃え広がったのである。炎は廊下を伝わり階段室に燃え移り、やがて船全体が火炎に包まれたのである。

しかし不思議にも火災が発生してしばらくの間、客室担当者たちは誰もこの事態を船橋に連絡しようとしなかったのだ。彼らは火災に対する十分な訓練を受けていたはずで

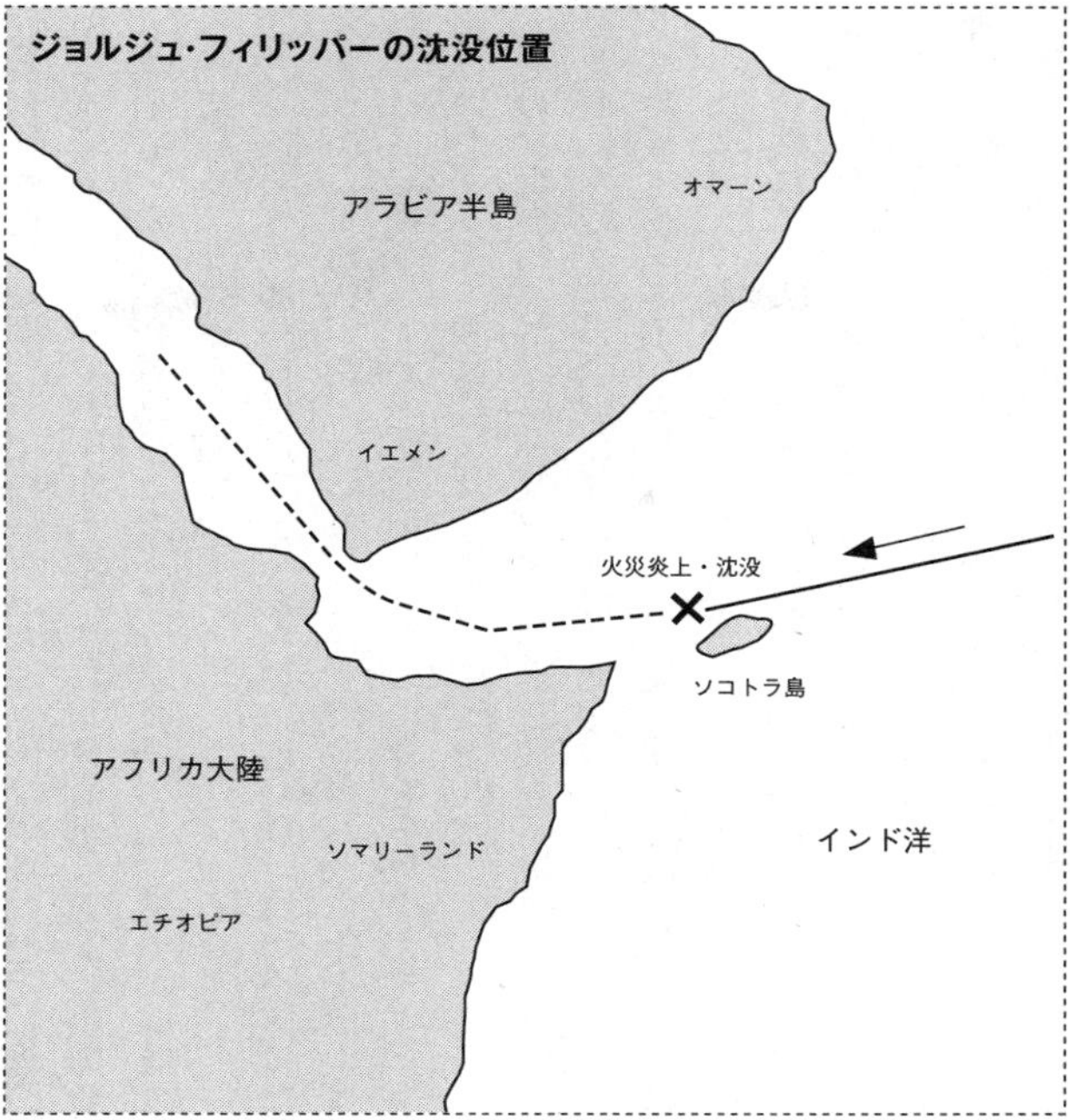

ジョルジュ・フィリッパーの沈没位置

ある。

　火災を知らされた船長は船をただちにアデンに向けて全速力で走らせようとしたが、とうてい間に合うものではない。ここはインド洋である。アデンまではまだ六〇〇キロもあるのだ。

　幸いにジョルジュ・フィリッパーが発したＳＯＳ救難信号に対し三隻の船が応答し、ただちに救援に向かうとの返事が入ったのだ。一隻はソ連の輸送船、後の二隻はイギリスの貨物船であった。

三隻は比較的短時間で炎上中のジョルジュ・フィリッパーに近づき、救助作業を展開した。ジョルジュ・フィリッパーから降ろされた救命艇と三隻の救助船から降ろされた救命艇により乗船者六六三名が救助されたのは幸運であった。それでもまだ多くの乗客が船内に取り残されていることは確かであった。

とくに船体後部甲板付近で早くから煙に巻かれ、脱出不能になっていたデッキパッセンジャーがいた可能性があったのだ。しかしデッキパッセンジャーは員数外の船客扱いで、乗船名簿には記載されないのが通例で、この場合も多数のデッキパッセンジャーが本船には乗船していたが、その数はまったく不明であったのだ。

その後ジョルジュ・フィリッパーは四日間燃え続け、アフリカ大陸北東部沖のソコトラ島の北西約八〇キロの地点に沈没したのであった。

客船ジョルジュ・フィリッパーの火災・沈没では記録の上では全員救助(救助されたデッキパッセンジャーは本来乗客として記録されておらず、救助者の中にはカウントされていない)とされているが、乗客名簿に記載されていないデッキパッセンジャーの犠牲者が一〇〇名前後いたものと推定されているのである。

ジョルジュ・フィリッパーはタイタニックに続き、二十世紀に入り処女航海で沈没した二番目の大型客船であった。

18 揚子江の中国客船「江亜」
触雷により沈没し再浮上の後に復活する

太平洋戦争が終結して三年後の一九四八年十二月四日、中国の揚子江の河口付近で中国の客船が機雷に触れて沈没し、推定二七五〇〜三九五〇名が犠牲になるという海難事件が発生した。

日本と中国との戦争は終結していたが、中国国内は日中戦争中も継続していた蔣介石率いる国民党軍と毛沢東率いる共産党軍との国共内戦が展開していた。そして一九四八年初頭の時点では、劣勢だった共産党軍が勢力を盛り返し、国民党側を圧倒し同政府は崩壊の危機に直面していたのだ。

この状況下で、中国の人々はどちらの勢力に与するか混乱の中にあり、国民党側の住民は難民となり、より安定した場所を求めて国内の移動を開始していた。一方遭難事件が起きた十二月四日は中国では伝統の冬至の祭礼で賑わうときであった。

この日、上海からその南に位置する寧波に向けて一隻の客船が出航した。この船には上海に出稼ぎにきて冬至祭礼のために寧波に帰郷する多くの住民と、寧波方面に逃避する難民が乗り込み大混雑していたのだ。

その数は三〇〇〇人とも四〇〇〇人ともいわれたが、実数は不明である。ただ本船の所有機関は、このときの乗船者は名簿によると二一五〇名であったとしているが、実際に乗船者名簿そのものが存在したか否かもまったくわからないのである。

寧波に向かった船は中華民国所有の客船「江亜」であった。この船は揚子江を航行区域として日本で建造され、日本の東亜海運社が運航していた河川専用の中型客船であった。このクラスの客船は同型の姉妹船として合計九隻が建造され、一九三九年以来、上海と漢口間の貨客の輸送に活躍していた。

「江亜」は総トン数三三六五トン、全長九七・五メートル、全幅一五・三メートル、中型船であるが、河川を航行する船であるために吃水は四・一メートルと浅くなっていた。主機関は合計最大出力四三五〇馬力の三衝程レシプロ機関二基を装備し、最高速力一八・一ノットの性能を持っていた。旅客定員は一等・二等・三等合計六三九名である。九隻の姉妹船はすべて日本国内の造船所で建造され中国に回航された。

これらの客船は太平洋戦争の終結後全船が中華民国に移譲され、中華民国招商局の所轄で運行されていた（乗組員の多くは残留する既存の日本人乗組員であった）。

客船「江亜」は定員をはるかに超える、溢れんばかりの乗客（帰省客と難民）を乗せて寧波に向かった。

江亜の前身の客船興亜丸

ところが河口付近に達したとき、本船の船尾で突然、爆発が起き、船体は船尾から急速に沈没したのであった。原因は日本軍が敷設した機雷であることはほぼ確実であった。

「江亜」の沈没は急速で、救命艇の降下の時間もなく、多くの乗船者は船とともに沈んでいったが、沈没直後に付近で操業していた小舟が集まり救助作業が行なわれ、約八〇〇名程度が救助されたとされている。ただしその実数は確認されていないのだ。当時の乗船者の様子からも、本船ははち切れんばかりの乗客を乗せて出港しており、あくまでも推定であるが、犠牲となった乗船者は乗客と乗組員合計二七五〇～三九五〇名とみられている。中国最大の船舶遭難事件であるが、詳細については不明の点が多いのである。

沈没した海域は揚子江河口の沖合で、水深は十数メートルから二〇メートルであったために、「江亜」はその後長い年月の間、煙突や船橋の上部は海面から姿を現わ

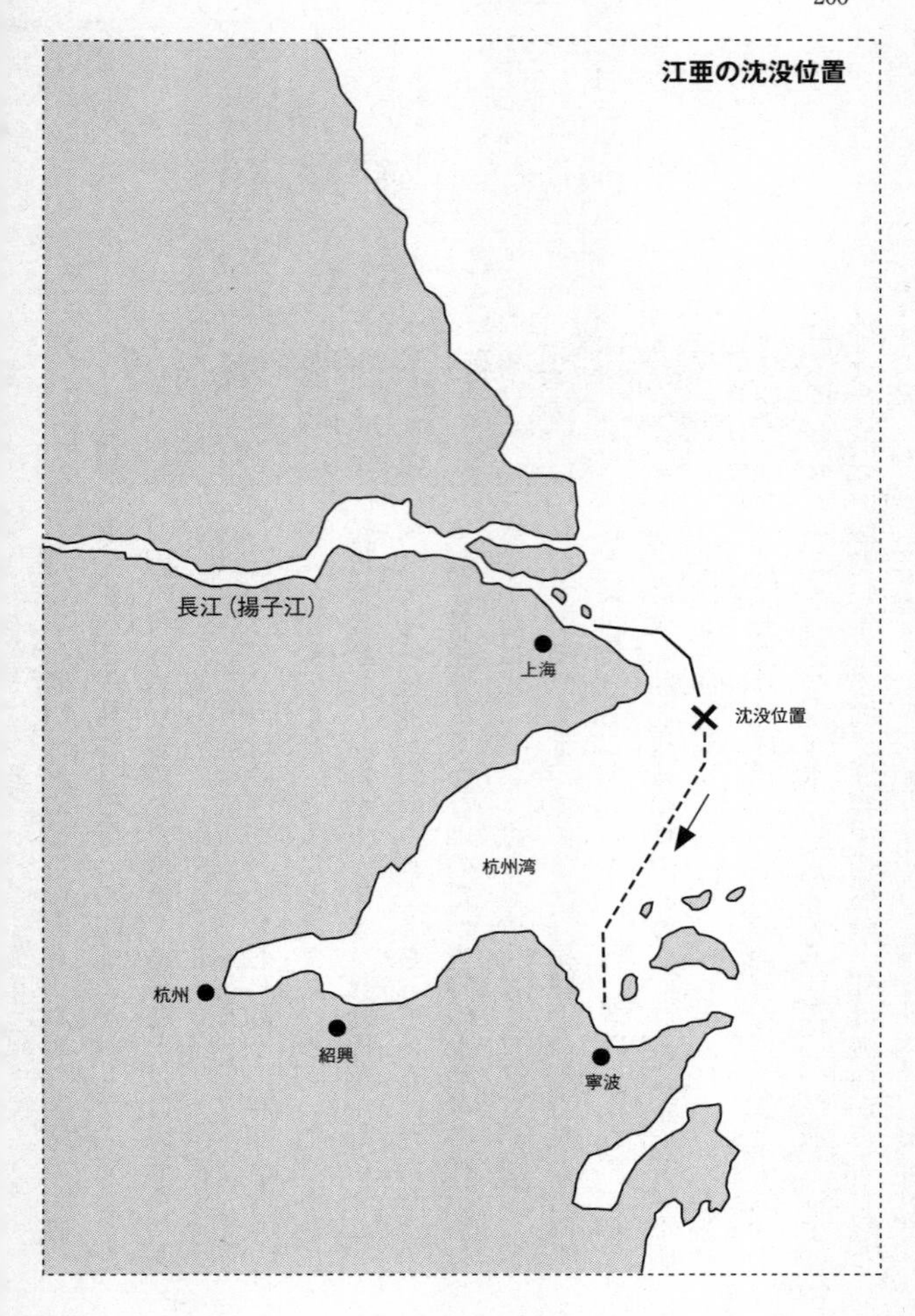
江亜の沈没位置
長江（揚子江）
上海
沈没位置
杭州湾
杭州
紹興
寧波

していた。そして一九五六年、海域一帯が大型船の航行にも支障がないように浚渫が行なわれた際、本船は浮揚されたのだ。

「江亜」が沈んだ辺りは大量の揚子江の水量の影響を受け汽水域になっていたために、船体の鋼板などの腐食は比較的軽微であった。そこで本船は上海の造船所に曳航されて改修工事が実施されたのである。この工事の際に「江亜」は客室甲板を増やし旅客収容量を大幅に増し、総トン数も四〇〇〇トン級となった模様である。

改修を終えた「江亜」はまったく新しい客船に生まれ変わった。そして再び上海と漢口間の旅客輸送に復帰しているのである。本船はその後船名が「東方紅8号」に変更され、一九八三年に退役し、二〇〇〇年に解体されている。船齢四〇年を超す長寿船となったのであった。

なお残存するすべての姉妹船は「江亜」と同じくその後中華人民共和国の持ち船となり、一九八〇年頃まで揚子江の主要交通機関として運用されていたようである。

19 大型客船マグダレナの座礁
砂浜に乗り上げたら数千人の群衆に襲われて

第二次世界大戦が終結した四年後の一九四九年四月、南米航路用に建造されたイギリスの大型客船がブラジルのリオ・デ・ジャネイロ付近で航路を誤り座礁、船体は激浪で破壊され失われるという事故が発生した。この事故では人的損害はまったくなかったが、事故後に起きたハプニングが笑いを誘う海難事件となった。本船はジョルジュ・フィリッパーに続き、二十世紀に入ってから処女航海で失われた三隻目の大型客船となった。

マグダレナ(MAGDALENA)はイギリスのロイヤル・メール・ライン社が、同社の基幹航路である南米東岸航路用の客船として一九四九年二月に完成させた。同社は多くの商船を戦争で失っており、南米航路用の旗艦的存在の客船として、戦後復興のシンボルとなるべき船と位置づけ、満を持して建造したのである。姉妹船はなく、たった一隻だけの建造であった。

マグダレナは総トン数一万七五四七トン、全長一七三・七メートル、全幅二二・三メートル、最大出力一万九八〇〇馬力の蒸気タービン機関による二軸推進で航海速力一八ノットであった。旅客は一等一三三名、三等三四六名の二クラス制で、乗組員は船長以下二二四名である。

本船は客船としては独特な外観となっていた。イギリスの大型貨物船に多く見かける分離型船橋構造が採用されており、船橋構造物と中央楼構造物が分離した外観であった。つまり船橋構造物とそれに続く客室設備のある中央楼閣構造物が分離しており、その間に船首甲板に配置された二つの貨物用ハッチに続き、三番目の大型ハッチが配置されている独特のものとなっていた。この配置を採用した大型客船は見かけることはあるが、本船ほどその配置が際立った客船は他には見られない。

また本船の外観を特徴づけたのは、船体各所のデザインにさまざまな曲線を採り入れたことで、これまでのイギリス客船にはなかった、見るからにスタイリッシュな姿になっていたのである。

さらにマグダレナには、当時の客船には設けられていない設備が設置されていたのであった。本船が就航する航路は途中で熱帯圏を通過するために、イギリスの客船としては初めて一等船客用の公室に冷房設備を採用したのである。当時北大西洋航路に君臨していた世界最大で最も豪華な旅客設備を持つ客船、クイーン・エリザベスもクイーン・メリーにも冷房設備は装備されていなかったのである。またそれが当時の大洋航路についている船の常識でもあったのだ。

マグダレナ

マグダレナは一九四九年三月九日にロンドン港を出港し、南米アルゼンチンのブエノスアイレスに向けての処女航海の途についた。このとき一等も三等も満席で、本船と本航路の将来が祝福されているかに見えた。

本船はブエノスアイレスで大量の穀物を積み込むと同時に、大量の牛肉を積み込んだのである。本船の第三船倉には食肉貯蔵用の冷蔵設備が整っていたのであった。アルゼンチンはイギリスにとって食肉の最大の輸入先だったのである。

帰りの本船の客室も満席の状態だった。そして途中ブラジルのサントス港を出港したのは四月二十四日の正午であった。つぎの寄港地はリオ・デ・ジャネイロで到着予定は翌二十五日の正午頃であった。

翌朝午前四時四十分、マグダレナは突然、暗礁に乗り上げた。座礁である。その衝撃は全船に響き渡った。寝ている乗客の多くはベッドから投げ出されるほどであった。船長はただちに機関室に全速後進を命じたが船は動かない。さらに全速前進を命じたが船はビクともしないのだ。

マグダレナが座礁したのはリオ・デ・ジャネイロ港から約二八キロの位置で、カラガス島とパルマス島の中間地点であった。そこは通常の航路を外れた場所であった。マグダレナは針路を間違うという初歩的なミスを犯したのである。

この日の正午過ぎに、連絡を受けたリオ・デ・ジャネイロの港湾当局が二隻の曳船と一隻の小型客船をマグダレナに向け出港させたのである。二隻の曳船は座礁したマグダレナの曳航であり、小型客船は乗客や一部乗組員の避難のためである。

しかし曳船の力による離礁は不可能であった。大型のマグダレナは暗礁に乗り上げたまま動かないのである。ところがその日の夜から天候は荒れはじめ、激しい波浪のためにマグダレナは暗礁から離れてしまったのであった。

このとき船底が破損しているマグダレナの一部船倉には浸水が始まっていた。マグダレナは曳船により港内の造船所まで曳航され、その後修理を行なうことが決まった。そして船を万が一の沈没に備えて海岸近くに仮泊させたのである。

この頃になると、大型客船の遭難を知ったリオ・デ・ジャネイロ市内はもとより、多くの近隣住民が沖に浮かぶ巨大な船を見物するために海岸に集まってきたのである。珍しい見世物を眺めるように人々は群衆になっていた。

切断されたマグダレナ

マグダレナが曳船にひかれて動き始めたころ、再び天候が荒れだし波も高まり、曳船と繋いでいたワイヤーが切れてしまった。マグダレナはしだいに海岸に向けて押し流され出したのである。そして船体はついにリオ・デ・ジャネイロ湾入り口に突き出した砂洲に乗り上げてしまったのだ。そして同時に船体がその衝撃で第三船倉部分から切断されてしまった。しかも切断された船橋と船首部分は沖に流され沈んでしまったのである。

このニュースを知った地元住民は、またもや事故の起きた海岸に群がりはじめた。そして大群衆には警備の警官の制止の声も聞こえなかった。切断されて露わになった第三船倉内に残されていた大量の牛肉はアリのように群がり集まった数千人の人々により、瞬く間に持ち去られたのであった。その量たるや数百トンに達したとされる。

それればかりではなかった。第三船倉に続く客室甲板の切断面には一等船客用のラウンジや喫煙室が配置されており、人々は切断され露出した公室によじ登り、内部に配置されていた豪華な家具類や調度品はたちまち運び出され、持ち去られてしまったのであった。船内の数多くの船室は、まさにアリの大群に襲われた姿となった。寝具やマットレスにいたるすべての物が消え失せていた。

もの凄い群衆が去ったとき、砂洲に横たわっていたマグダレナは、まるで盗賊に襲われた御殿の様相となっていたのだ。船内には何もなくなっていたのである。集まった群衆は延べ数万人ともいわれている。世界に類を見ない海難事件の顛末であった。

20 無人で発見された小型船ジョイタ

様々な噂が飛び交った南海の漂流船

ジョイタ（ＪＯＹＩＴＡ）は一種のレジャー・ボートとして、一九三一年に建造された個人が所有する小型船舶である。本船は総トン数七〇トン、全長二〇メートル、全幅五・二メートル、厚さ五センチの頑丈な樫材で作られた木造船である。主機関は最大出力二二五馬力のディーゼル機関二基を搭載し、最高速力一二ノットを発揮した。ジョイタの持ち主は戦前のアメリカの映画監督として著名であったローランド・ウエストであった。

この小型の船がなぜ世の中を騒がせることになったのか。ジョイタは南太平洋上に無人の状態で放置されているのが発見され、「二十世紀のマリー・セレステ号事件」として一時大きな話題となったのである。しかしどうして無人で漂流していたのかは、ついに解明されない謎の多い海難事故であった。

ジョイタは太平洋戦争が勃発したときはハワイに在籍しており、開戦とともに海軍に徴用され、ハワイ周辺海域の哨戒任務についたのである。戦争終結と同時に所有者に返還されたが、以後持ち主はつぎつぎと代わり、南太平洋の西サモア在住のイギリス人が使用することになった。彼は本船を使い、サモア諸島の島嶼間の物資輸送を展開していた。一度に搭載できる貨物は最大でも五〇トン程度で、各種食糧品や生活物資、また建設機材などを運んでいた。

一九五五年十月三日、ジョイタはサモア島のアピアから北東約四三〇キロにあるトケラウ諸島に向けて、貨物輸送を行なうことになった。このとき積み込まれた貨物は建築用資材、衣料品、各種医療品、ガソリンドラム缶などであった。そして一六人の乗組員以外にトケラウ諸島に向かう乗客九名を乗せた。航海時間は四五時間前後とみられていた。そしてトケラウ諸島からの帰途にはコプラ（ヤシの実の内部の果肉を乾燥させたもの）を積み込んでアピアにもどる予定であった。

ジョイタがアピアの港を出たのは十月三日の午後五時であった。目的地到着は二日後の十月五日午後であった。しかし到着予定日の翌日になってもジョイタは姿を現わさなかった。当時のサモア諸島からトケラウ諸島一帯の天気は荒れた気配はなく、ほぼ快晴の日が続いていたのである。

アピアの船舶管理事務所にもトケラウ島の関係先にもジョイタから異常を示す通信・連絡は一切入っていないのである。関係先ではジョイタは機関故障で漂流している可能性もあるとして、所轄のニュージーランド海軍の哨戒航空隊に対し、周辺海域の捜索を依頼したのであった。

空からの捜索活動は十月六日から十二日まで行なわれたが、該当する遭難船を発見するにはいたらなかった。ジョイタは何らかの事故に遭遇し沈没したと考えられたが、それを証拠立てる確証はなかった。

「ジョイタは謎の失踪を遂げた」とささやかれ出したとき、十一月十日になって航行中の船から、西サモア諸島の西北約九七〇キロの海上で大きく傾いた小型船を発見したとの連絡が入ったのである。これによりアピアからはただちに調査の船が向かった。

発見された当時のジョイタ

そしてその傾いた小型船を発見したが、船は明らかにジョイタであることが確認された。

本船は左舷に大きく傾いているが、すぐに沈没する危険な状態ではなかった。乗組員一六名と乗客九名はいなかった。積み荷も正常な状態で搭載されていた。ただ搭載されていた小型の救命艇一隻と救命筏がなくなっており、航海日誌や天測用の六分儀などの必携道具などが見つからなかった。無線装置は国際海洋無線電話の遭難通信に合わせられていた。

ジョイタがアピアを出航するとき、二基のディーゼル機関のうち一基が不調であることは

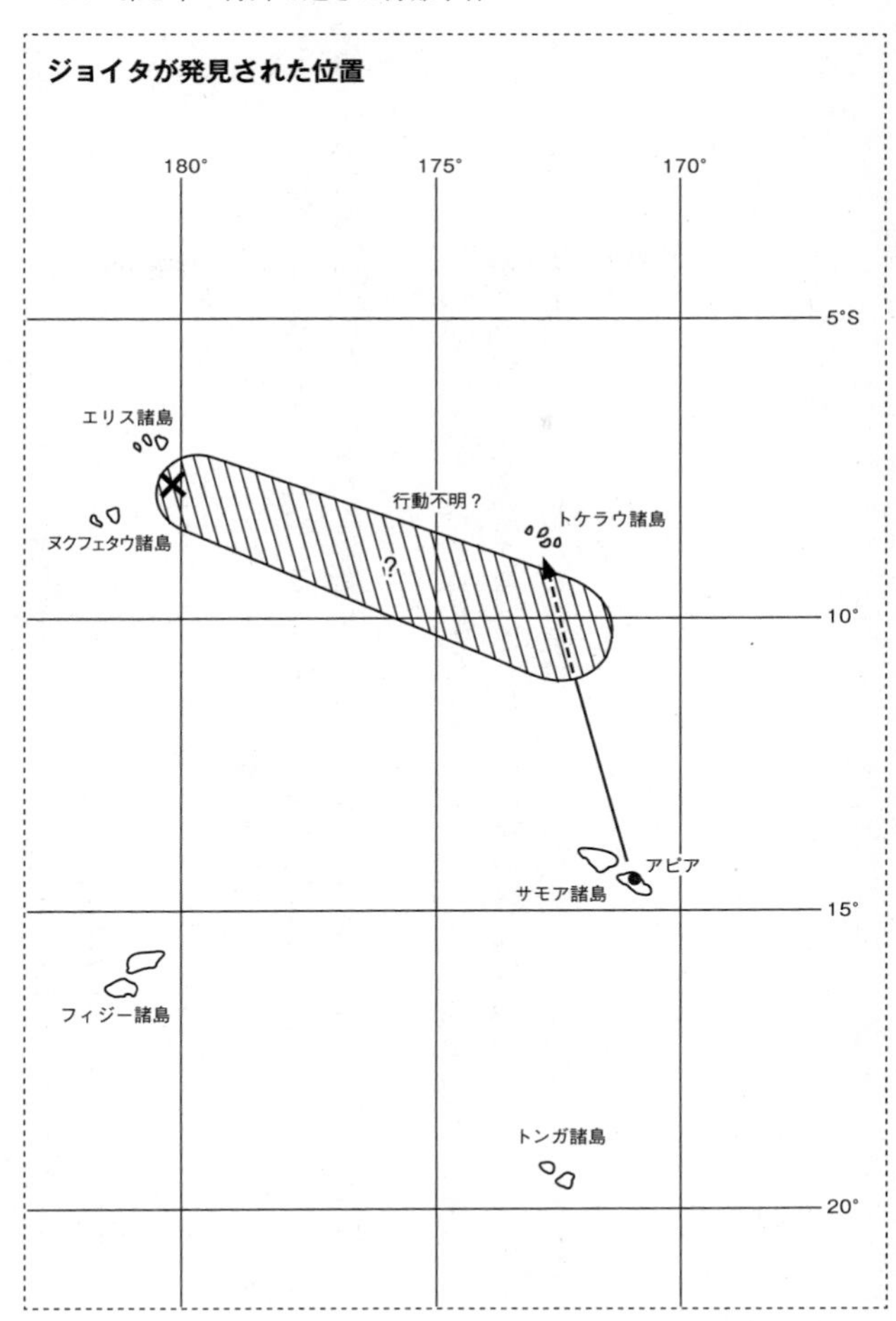
ジョイタが発見された位置
180°
175°
170°
5°S
10°
15°
20°
エリス諸島
ヌクフェタウ諸島
行動不明？
?
トケラウ諸島
アピア
サモア諸島
フィジー諸島
トンガ諸島

分かっており、動く一基のエンジンで出航していったことは明らかであった。可動する残りのエンジンを調べると、エンジンからスクリューシャフトに繋がるクラッチ部分が分解された状態になっていることが認められたのだ。

結果的に本船の行方不明の原因は、トケラウ諸島に向かう途中で稼働する一基のエンジンが故障で動かなくなり、遭難通信を出そうとしたが機関の故障でバッテリーが蓄電能力を失っており作動しなかったとみられた。そして乗船者全員が船を捨て数百キロ先のトケラウ諸島に向かったが、何らかの理由で救命艇も筏も転覆し、全員が遭難したと推測されたのであった。

しかしジョイタの遭難事件は、その原因が推測の域を出ず、また「南海の無人の漂流船」というタイトルが人々の好奇心を誘った。なかには当時まだ反日感情が強かったニュージーランドでは、操業中の日本漁船が船を襲い乗組員を虐殺したなどという衝撃的なデマも飛び交うなど、しばらくは「二十世紀のマリー・セレステ号事件」として騒がれたのであった。

21 悪魔の岩礁リップルロック
事故をもたらす元凶を取り去るには

カナダのブリティッシュ・コロンビア州の州都バンクーバーは、アメリカの北西端ワシントン州の大都市シアトルとは約一五〇キロ離れている。

この両都市は太平洋に面した巨大なバンクーバー島の背後の湾の奥に位置しており、太平洋から両都市に向かう船は湾に浮かぶ無数の島の間を縫うようにして両港に行き着くのである。とくにバンクーバーに向かう船は複雑で狭い海峡の航路を航行しなければならず、操船には細心の注意が必要であった。

その中でもとくに注意すべき航路にセイモア海峡があった。この海峡の中間点には「リップルロック」と呼ばれる危険極まりない岩礁が存在するのである。この岩礁は単なる岩ではなく、水深七〇メートルの海底から太い槍の穂先のように聳え立つ岩礁で、一八七五年から一九五八年までの八三年間にじつに一二〇隻の大小の船舶がぶつかり、沈没していたのである。この岩礁の存在は一七七二年にこの地を調査したイギリスの海洋探検家ジョージ・バンクーバーによって発見され、すでに広く知られていたのだ。

バンクーバーはカナダとアジアをつなぐ極めて重要な港であり、取り扱い貨物も旅客数も年ごとに増加をたどっており、セイモア海峡はバンクーバー港に入出港する船舶にとっては危険ではあるが極めて便利な航路であったのだ。

カナダ政府は、ついにセイモア海峡にある悪魔の岩礁リップルロックの撤去に本腰を入れることになったのである。その計画は一九五二年にスタートした。様々な検討が行なわれた後、最終的に決定した除去手段は、リップルロックを構成する巨大な岩峰を爆薬で破壊するというものであった。

それには奇想天外な手法が駆使されることになったのである。

セイモア海峡中央の幅はおよそ一五〇〇メートル、付近の水深は約七〇メートル。そして岩礁の頂点は満潮時に水面下一・五メートル、干潮時は水面下四〇センチの位置にあった。岩礁は海底から約七〇メートルの高さにそそり立つ岩峰となっていたのである。

破壊計画は概略以下のとおりであった（添付図参照）。

リップルロックの対岸に深さ一七〇メートルの竪坑（縦抗）を掘削し、そこから岩峰の位置に向かって正確に長さ七二〇メートルのトンネルを掘削する。こんどはそこから再び岩峰の頂上に向かって正確に竪坑を掘り進めるのである。そして二つの竪坑とトンネルが完成した時点で、リップルロック側の竪坑のすべての空間に、総量一九五〇トンの爆薬を充塡するのであった。

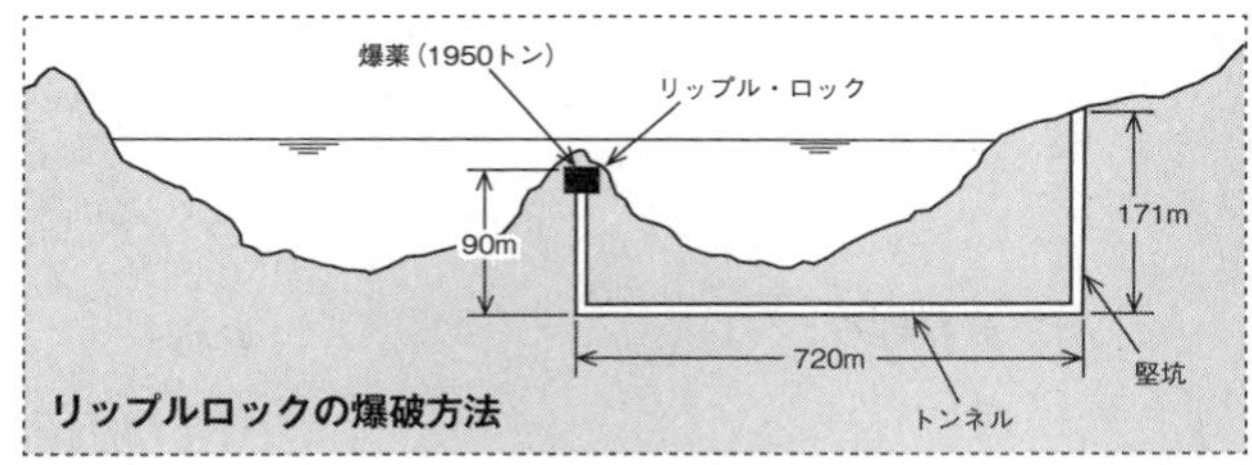

リップルロック破壊の瞬間

ここで海底のトンネル部分と対岸側の竪坑のすべてを埋めもどし、爆薬に点火し、リップルロックを根こそぎ破壊するのである。

一九五八年四月七日、午前九時三十一分、一九五〇トンの爆薬に点火された。総量四一万トンの岩礁の爆破の瞬間は、まさに海底火山の噴火を思わせるものとなった。この爆発は、意図的に実施された通常火薬による爆発としては、現在に至るまで世界最大規模のものであった。

この爆発により乗組員を悩まし続けていた「悪魔の岩礁」は消え去った。岩峰の頂点は水面下一七メートルとなり、それからはセイモア海峡は超大型船の航行も可能になったのである。

22 硫黄輸送専用船サルファー・クイーン
神話を作ったフロリダ半島周辺での失踪事件

一九六三年二月四日、大型の液化硫黄専用運搬船サルファー・クイーン（SULPHUR QUEEN）がメキシコ湾フロリダ半島周辺で消滅した。本船はアメリカの戦時中に建造されたT2型標準設計油槽船を改造した運搬船であった。総トン数一万四五〇〇トン、液化した高温の硫黄を搭載するタンカーで最大一万五〇〇〇トンの輸送が可能であった。

サルファー・クイーンは一九六三年二月二日にテキサス州のボーモント港を出港し、東部バージニア州ノーフォークに向かった。航路はボーモントを出港した後はメキシコ湾を東南に進み、フロリダ半島を迂回してアメリカ大陸東岸に位置するノーフォークに向かうものであった。

二月四日、サルファー・クイーンから荷受け側に「本船は現在キーウエスト（フロリダ半島南西端の島）の西方二〇〇カイリ（約三七〇キロ）を平穏に航海中」との定時連絡が入った。そしてこの連絡を最後に本船からの連絡は途絶えてしまった。本船を所有する海運会社は二月五日に至り、アメリカ沿岸警備隊に捜索を依頼したのである。

以後七日間にわたりサルファー・クイーンの予定航路上の空海からの大掛りな捜索が開始された。しかし何も情報が得られないまま、捜索は二月十七日に中止された。サルファー・クイーンに何らかの事態が発生し沈没したかもしれないと推測されたのだが、その後も本船に関する報告は入らなかった。行方不明の原因はまったく不明であった。

二月二十日を過ぎた頃、捜索を行なった海域を航行中の船から、「サルファー・クイーンのものと思われる漂流物を回収した」とする連絡が入ったのである。

沿岸警備隊に届けられたそれら回収物は、七個のライフジャケットと四個の船名入りの浮き輪、そして本船のブリッジの側面に取りつけられていた木製の大きな船名板であった。そして不思議なことは回収された浮き輪の一つに、なぜかシャツが結びつけられていたことである。

これらの結果、サルファー・クイーンが沈没したことは明らかであり、生存者もいたらしいことは分かった。しかしそれ以上のことは不明であり、乗船者がまだ生存している可能性は限りなく少なかった。

サルファー・クイーンは、なぜ沈没したのであろうか。むしろ疑問が膨らむばかりであった。液化硫黄が突然に爆発することは考えられなかった。液化硫黄が船倉内で荷崩れを起こし船が転覆する可能性もまったくない。当時航行していた海域をハリケーンが通過したとの情報は皆無である。人為的に船が沈められたという裏付けもない。一時は当時の政情から航

サルファー・クイーン

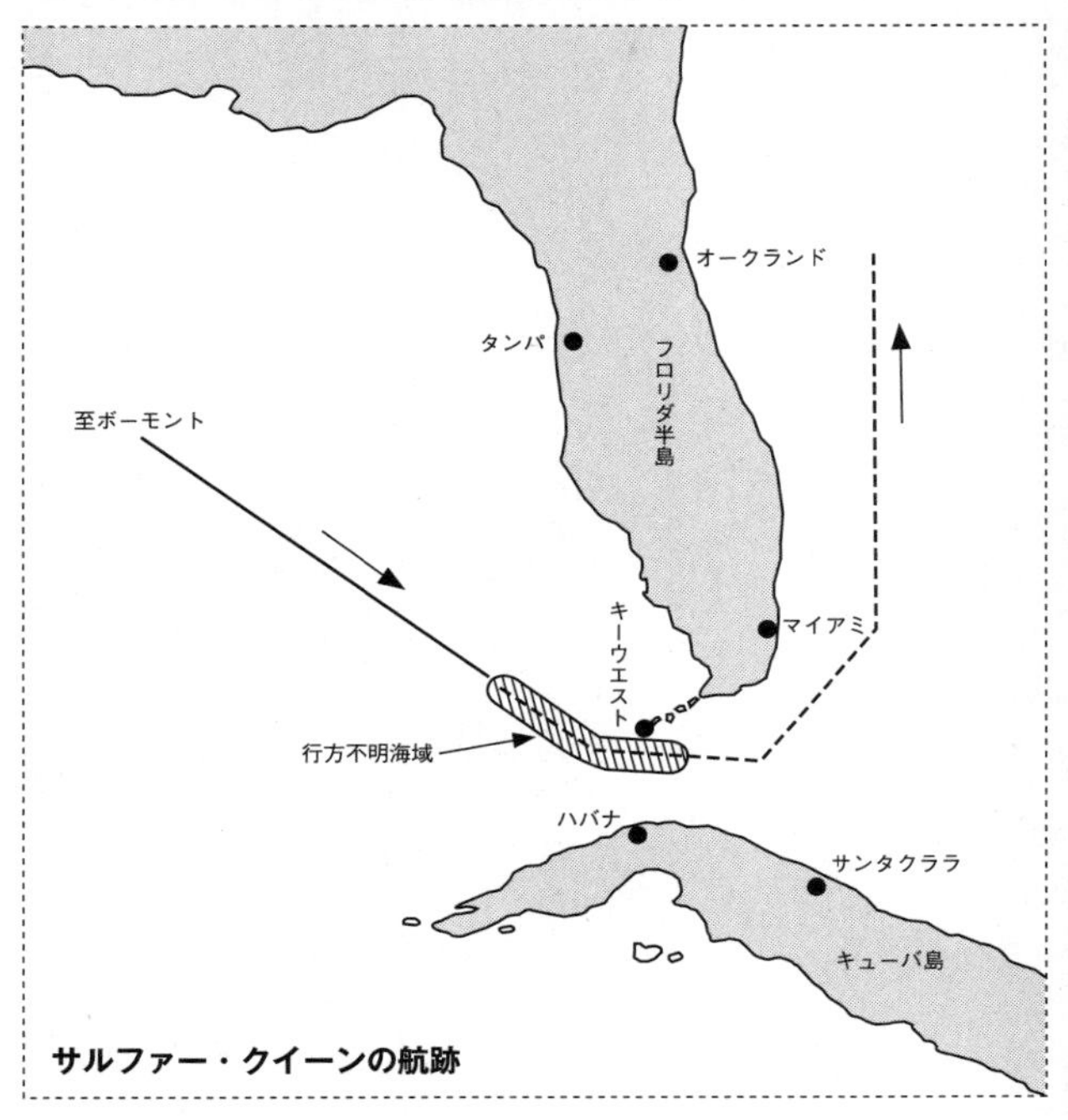

サルファー・クイーンの航跡

路上でキューバ政府のテロ行為で沈められたとする怪情報も流れたが、あり得ないことであった。

本船の行方不明は、しばらくは世間を騒がせたが、いつしか事件は忘れ去られてしまったのだ。結局、アメリカ沿岸警備隊は、「サルファー・クイーンは何らかの原因不明の理由により沈没した」とする報告書を出し、失踪事件は有耶無耶になったのであった。

23 ソ連の客船アドミラル・ナヒモフ
ソビエト連邦崩壊直前に起きた沈没事件

客船アドミラル・ナヒモフ（ADMIRAL NAKHIMOV）は珍しいソ連の客船である。ただこの客船の前身はブレーメンとニューヨークを結ぶ航路で運航されていたドイツの客船ベルリン（BERLIN）であった。

ベルリンは一九二五年に北ドイツ・ロイド社が大西洋航路用に建造した客船である。本船は総トン数一万五二八六トン、全長一七四・三メートル、全幅二一・一メートル、主機関は最大出力一万二〇〇〇馬力のタービン機関で最高速力一六ノットを出せた。旅客は一等・二等・三等合わせて一一二二名であった。

本船は第二次大戦中にはバルト海沿岸で海軍将兵用の宿泊船となっていたが、戦争末期の一九四五年一月に発動された、東プロイセン方面からのドイツ民間人と陸軍将兵数十万人のドイツ国内への撤退作戦で輸送用の船舶として運用された。そして二月一日にソ連海軍が設置した機雷によってドイツ北方のバルト海で沈没した。

戦後、ソ連は本船を浮揚して整備し、新たにアドミラル・ナヒモフと船名を変えてソ連船船公団の持ち船となった。ただ浮揚後、客船として再整備するのにじつに八年という長い年月を費やしたのである。理由は、改装途中でしばしば火災が発生し、また資材の絶対的な不足によるものであった。なお工事終了時点で本船の総トン数は一万七〇五三トンに増加している。

アドミラル・ナヒモフは改装完成後に黒海に回航され、オデッサを拠点に黒海沿岸でソ連圏国家間の海上旅客輸送に従事した。なお旧ベルリン時代の旅客設備は一等から三等まで等級区分されていたが、改装後は社会主義国家らしく等級の差別はなくワンクラス制となっている。そして旅客定員は八七〇名であった。

本船は特定の定期航路に就航しているわけではなく、海外への旅行団や使節団の輸送、黒海沿岸での季節的な団体輸送への運用が主な用途となった。

一九八六年八月末、アドミラル・ナヒモフは船齢もすでに六〇年を越えている老朽船となっていた。本船はソ連の市民団体の黒海クルーズに就航中であった。

八月三十一日の夜、アドミラル・ナヒモフはノヴォロシースクを出港し、つぎの寄港地のソチに向かった。このときの本船の旅客は八八四名で、その多くは各地の青年団体であり、甲板では夜でありながらすでにソ連国内で解禁されていたジャズなどの生演奏が行なわれ、大勢の若い男女がくり広げるダンスも佳境に入っていた。ソ連も自由解放の直前の状態にあり、船上はそれまでのソ連にはない喧騒の雰囲気の中にあったのである。

アドミラル・ナヒモフ

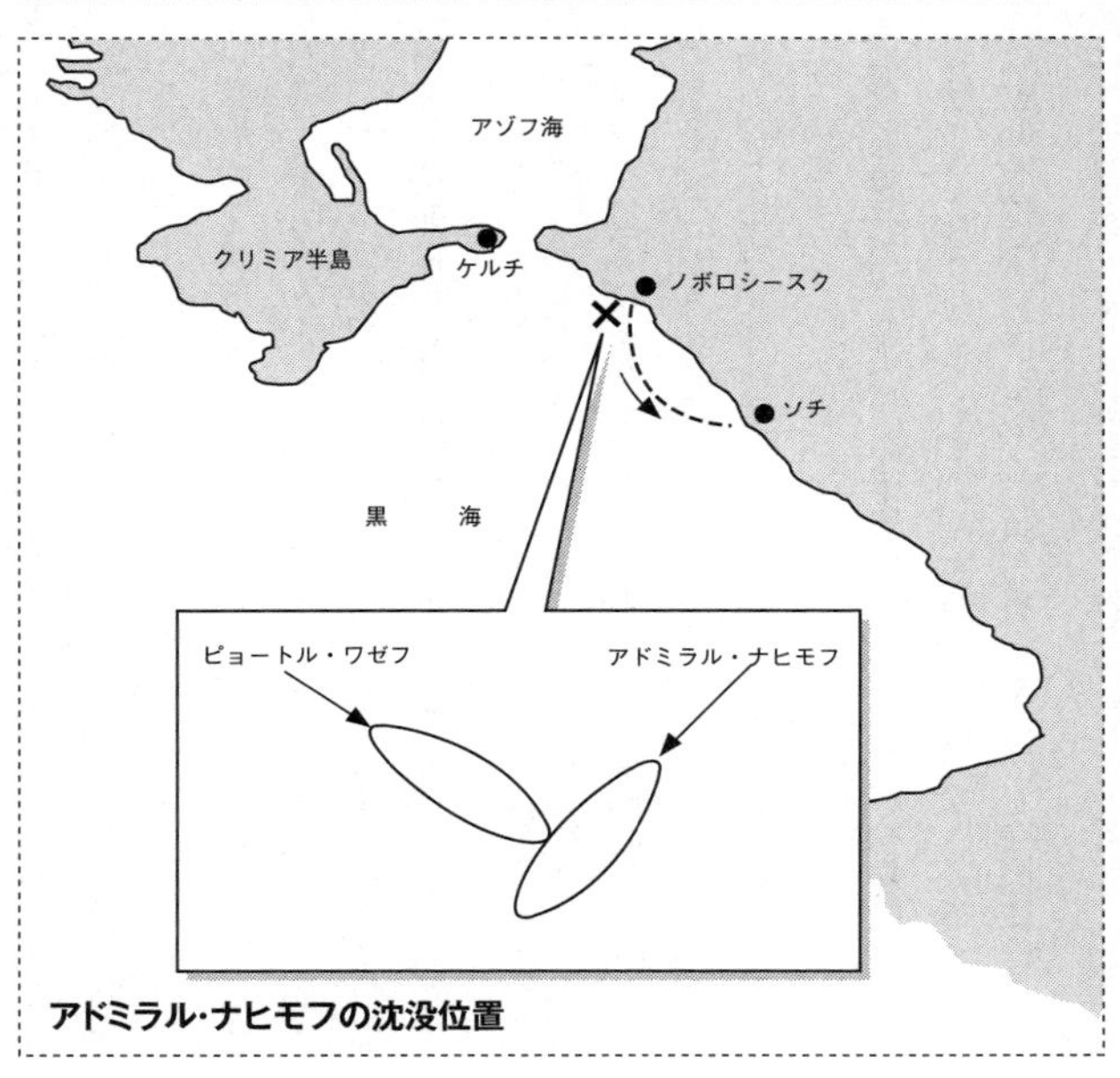

アドミラル・ナヒモフの沈没位置

午後十一時十五分、アドミラル・ナヒモフの右舷方向かなり近くに、突然、接近してくる船の灯火が現われたのだ。大型の船であることは灯火の位置で分かった。この日の夜は完全な曇天で視界はまったく利かなかった。船の出現は予期しないことであった。

二隻は衝突回避の行動ができない状態のまま激しく衝突したのだ。その船の船首はアドミラル・ナヒモフの右舷舷側中央部に深く食い込んだ。その場所はボイラー室と機関室の隔壁付近であり、本船の機関室には一気に大量の水が流れ込んできた。アドミラル・ナヒモフの船体は急速に右舷に傾きだした。衝突した船は鉱石運搬船ピョートル・ワゼフ（総トン数一万八六〇四トン）であった。

アドミラル・ナヒモフの船内の灯火は瞬時にして消え、それまでの甲板上の喧騒はたちまち悲鳴に変わった。乗組員はボートデッキに駆け上がり救命艇降下の準備を開始しようとしたが、灯火の消えた船内、月明かりもない暗夜の甲板では作業ははかどらなかった。乗客はボートデッキに上がろうとしても真っ暗な複雑な通路を進むこともできず、船内は大混乱となったのであった。

甲板にいた若者たちは我先に海に飛び込んだ。船内から甲板に上がった乗客や乗組員たちもみな海に飛び込み、浮かんでいるデッキの木片などにつかまったのだ。衝突した船からは救命艇が降ろされ海に浮かぶ人々の救助を開始していたが、救命艇の数に対し海面に浮かぶ人々の数はあまりにも多すぎたのだ。

乗客の半数を占めていた若者たちはほとんどが甲板に出ていたために、いち早く海に飛び込むことができたが、もし彼らが船室で就寝していたら犠牲者の数は膨大な数になっていたと想像されるのである。このときの犠牲者の数は乗客・乗組員合わせて三九八人に達した。

このニュースは事件発生から四八時間後には世界に発信されたのだ。それまでのソ連の国内事件ではありえないことであった。当時のゴルバチョフ大統領が進めた、ソ連国家刷新のペレストロイカの一つとして情報公開（グラスノスチ）を掲げており、この事件のニュースは明らかになったのである。

24 フィリピンの客船ドニア・パス

タンカーと衝突して全船炎上し史上最多の犠牲者

一九八七年十二月二十日、フィリピン海域で発生した小型客船ドニア・パス（DONA PAZ）の衝突・炎上事件は、戦禍による遭難を除けば平時における海難事故として、その犠牲者の数では世界最悪の海難事故といえるだろう。

この事件はタイタニックに比べて犠牲者数でははるかに多いのであるが、ニュースとして世界的にはほとんど知られていないのである。その理由のひとつは、沈んだ船の規模が四万総トン級の巨大豪華客船に対し、二〇〇〇総トン級と圧倒的に小型であることによると断言してもよさそうである。そして現実に起きた衝突事故の様相は、まことに悲惨なものであった。

この事件については、当初犠牲者の数が三〇〇〇人とも四〇〇〇人とも報じられ、その後概数は分かったが、正確な数についてはいまだに明らかではないのである。つまりドニア・パスは短期間の航海時間であるために、乗せられるだけの乗客を乗せ、超満員の状態で船を運行させていたために、正確な乗船名簿など存在しなかったのである。事件後、運航会社は犠牲者の総数を四三七五名と発表したが、この数の真偽は誰も証明できないのである。ただこの数字がタイタニック遭難時の犠牲者数の約三倍に達していることは間違いない事実であった。

フィリピンはルソン島とミンダナオ島という巨大な島以外にも、ミンドロ島、パナイ島、サマール島、レイテ島、セブ島などの大きな島々、そして無数の小島からなる島嶼国家である。各島の町の人口密度は高く、各島々の交通は船舶に頼らざるを得ないのであった。そこには数十トンから二〇〇〇トン級の数多の客船や貨客船が、それこそ無数の海運会社により運行されているのである。こうした海運会社の中でも最も規模が大きな海運会社にサルピシオ海運会社があった。

フィリピンの多島間交通に使われる客船の多くは、日本の海運会社が売却した小型客船で構成されていたのである。かつて隠岐の島航路や佐渡島航路、あるいは沖縄・琉球航路や瀬戸内海航路で活躍した一〇〇〇総トンから二〇〇〇総トン級の小型客船や貨客船の多くが、これらの海運会社に売却され、貨客輸送に運用されていたのであった。

サルピシオ海運会社は一九七六年（昭和五十一年）に一隻の小型貨客船を日本から購入した。琉球海運会社が鹿児島と沖縄間の航路用に建造した「ひめゆり丸」（総トン数二六四〇トン、一九六三年四月竣工）である。同社は本船をドン・サルピシオ（DON SULPICIO）として運航を始めたが、三年後に火災を起こして全損となってしまった。そこで同

ドニア・パス

社は本船を大改修し、一九八一年に新たにドニア・パスと船名を改めて再就航させたのである。

同社はこのときの工事で大幅な船体改造を行なっており、上部構造物を拡大し旅客設備の拡張を図り、改造後の総トン数は三二〇〇トン前後と推定されている。これによって旅客定員は当初の六〇七名が、一五一八名に増加した。

一九八七年十二月十五日、おりしもフィリピン全土はクリスマスシーズンに入っており、国内航路の客船はどれも故郷に帰る人々で満員の状態であった。

ドニア・パスも例外ではなく、レイテ島のタクロバンからマニラに向かうため同港を出港した。このとき本船は、すでに満員状態の旅客を乗せていた。その数はまさに溢れんばかりで、船室は立錐の余地もなく、船体の前後甲板やボートデッキまでも乗客でいっぱいだったのだ。

本船は途中サマール島のカタロバンに寄港し、さらに乗客を乗せた。乗船名簿などなく、乗船券を販売し乗せられるだけ乗せて運行するというのが、これらの海運会社の通常の運行状況であった。

カタロバン港を出たドニア・パスは一路マニラに向かった。レイテ島の北側にあるマスバテ島を過ぎ、広いシブヤン海に入ったのが十二月二十日の午後三時であった。

この頃、シブヤン海一帯は荒天気味で海上の波は高まっており、激しい降雨により視界も十分ではなかった。ドニア・パスは針路を北西にとりマニラをめざしていた。このとき暗い右舷の視界の中から、突然一隻の船がドニア・パスに接近してきたのである。そしてそのまま本船の右舷舷側に衝突したのだ。

その後の状況がどのようであったかは、奇跡的に生き残った数少ない生存者の証言に頼るほかにないのである。この事故の生存者はわずかに二四名、その内訳はドニア・パスの乗客二二名と衝突した船の乗組員二名のみである。世界の海難史上最悪の犠牲者を出す事故となったのだ。

衝突した船は総トン数六五〇トンの小型油槽船ヴェクター（VECTOR）で、積み荷は一〇〇〇トンのガソリンであった。ヴェクターはルソン島のバタンガス港でガソリンを積み込み、ミンダナオ島に向かっていたのである。

衝突の衝撃で小型のヴェクターは船体が大きく破壊されたらしく、搭載していた一〇〇〇トンの大量のガソリンは海上に一気に流れ出したのである。その直後に現場海面は燃え上がった。海面に流れ出たガソリンが何らかの火気（衝突の衝撃による火花、ドニア・パスの機

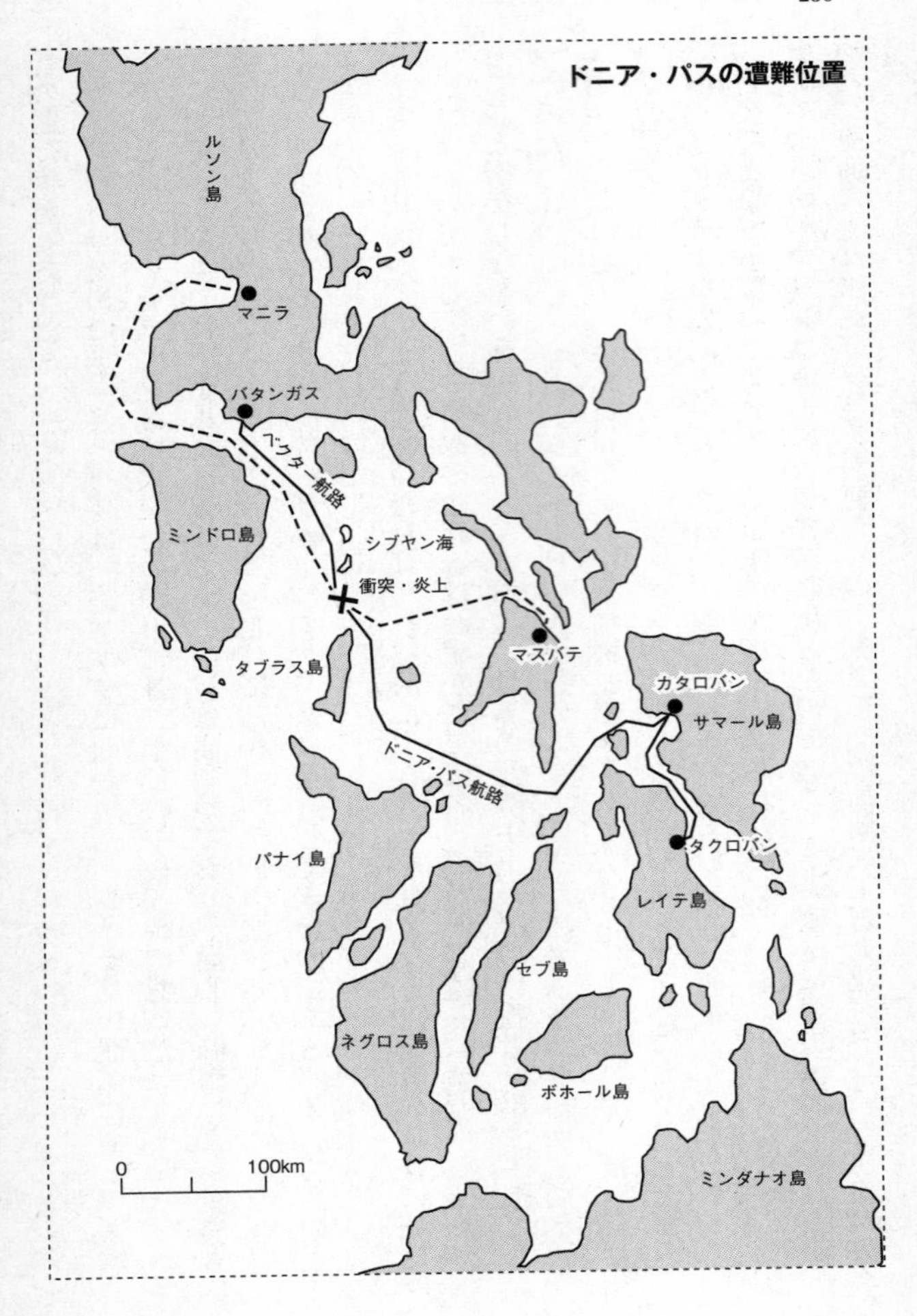
ドニア・パスの遭難位置
ルソン島
マニラ
バタンガス
ベクター航路
ミンドロ島
シブヤン海
衝突・炎上
マスバテ
タブラス島
カタロバン
サマール島
ドニア・パス航路
タクロバン
パナイ島
レイテ島
セブ島
ネグロス島
ボホール島
0
100km
ミンダナオ島

関が発する高熱、または乗客のタバコの火など）により引火、ヴェクターとガソリンを浴びたドニア・パスは、全船が炎に包まれたのである。

二隻のいずれからも救難信号は発せられてはいなかった。事は一瞬にして起きた模様である。海面から広く立ち上る火炎は視界の悪いシブヤン海を航行していた複数の船から望見されていた。救助のために接近してきた船は付近の海面一帯が燃え上がっているために近づくことができず、状況を監視し、あるいは事態を最寄りの海運機関に連絡するのが精一杯であったのだ。

翌朝になり、海上はまだ多少荒れ模様であったが、海面に浮かぶ生存者らしき姿が発見された。彼らは周辺海域で待機していた船により救助されたが、その数はわずかに二四名であった。

この事故による犠牲者の正確な総数は現在にいたるまで不明なのである。当時フィリピンの国内航路の船客については乗船名簿などは無きに等しかった。ただ生存した乗客の証言によれば、カタロバンを出港したときには船内は乗客で溢れかえっており、甲板も船内通路にも乗客が押しよせ、公室も船室も定員以上の多くの乗客が入り込んでいたというのである。

これらの証言から推測すると、このとき本船に乗船していた乗客は少なくとも定員の三倍近くに達していたと推測されるのである。現在、ドニア・パスの船体は、シブヤン海の水深五〇〇メートルの海底に多数の犠牲者の遺体とともに横たわっている。

この悲劇的な事故の原因については、驚くべき事実がある。衝突したヴェクターの船長と航海士、および機関士は正規の資格を持った者ではないとされているのである。船舶の運航上での厳格な規則が守られていない環境の中での、起こるべくして起きた悲惨な事故であった。

25 巨大油槽船エクソン・ヴァルデズの座礁
石油タンカー事故がもたらした海洋汚染という災い

一九八九年三月二十三日の午後十一時四十分頃、原油二一万二〇〇〇トンを積んだ総トン数九万五一六九トンの巨大タンカー、エクソン・ヴァルデズ（ＥＸＸＯＮ ＶＡＬＤＥＺ）がアラスカのフィヨルド内で座礁、流出した四万二〇〇〇トンの原油が、その後アラスカ南部一帯の海岸を汚染し、沿岸の漁業関係、さらには海洋生物に甚大な被害をあたえるという事故が発生したのである。この広大な海岸での原油処理だけに要した費用だけでも約一九億ドル（邦貨換算二〇〇〇億円超）が費やされたとされ、現在にいたるまで世界最悪の海洋汚染事故となっている。

この海難事故の原因は審議が重ねられ、超大型船の操船の初歩的指導ミスにあり、最高責任者として本船の船長は公民権の停止、懲役刑、莫大な罰金刑の重刑を課せられることになった。

巨大油槽船エクソン・ヴァルデズは一九八六年にアメリカのサンディエゴ造船所で完成した。いわゆるＶＬＣＣ（Very Large Crude oil Carrier）で、総トン数九万五一六九トンの

エクソン・ヴァルデズ

本船は、全長三〇一メートル、全幅五一メートル、深さ（船底から上甲板までの高さ）三八メートルという巨大船で、石油最大搭載量は二五万トンに達した。

エクソン・ヴァルデズはエクソン石油の系列会社のエクソン・シッピング社の持ち船である。本船はアラスカ州南部のプリンス・ウイリアムス湾の奥のヴァルデズに基地を置く、アラスカ最北部のノーススロープ油田の石油をアメリカ西海岸の各石油精油所に輸送する専用船なのである。

一九八九年三月二十二日、エクソン・ヴァルデズは原油積み込み基地に到着、一日で石油を搭載し、翌二十三日の午後九時に折り返しカリフォルニアの石油コンビナート基地に向かって出発した。積み込んだ原油は二一万二〇〇〇トンであった。

石油積載基地のあるプリンス・ウイリアムス湾はアラスカ南海岸一帯のフィヨルドの一つである。湾はフィヨルド特有の水深が深く幅の狭い屈曲が多い地形となっており、積み込み基地から湾の入口までは操船を指揮するパイロット（水先案内人）が乗船することが規則になっていた。湾の入口から基地までは、油槽船は定められた分離航路上を航行しなければならない規則になっており、湾入口近くの右舷側の岸には三基の灯台が連続して設置されていた。

またプリンス・ウイリアムス湾入口付近は、同湾に隣接しているもう一つのフィヨルドと隣接しており、毎年三月から四月にかけてこの隣接する湾から流れ出す大量の流氷が堆積する場所になっていた。この流氷を避けるために、油槽船は指定航路を通ることができず、より対岸に接近した位置を通過することが慣例となっていたのである。

このときも隣のフィヨルドから流れ出した大量の流氷が航路をなかば塞いでおり、石油基地へ行き来する油槽船は本来の航路からは外れた、対岸に近い位置を航行せざるを得なかったのである。

エクソン・ヴァルデズが基地を出発したとき乗っていたパイロットは、湾入口のパイロット・ステーションで下船した。しかし流氷の張り出し位置はパイロット・ステーションのさらに先であり、本来は流氷の張り出しを避ける航路を通過するためにはパイロットの操船指揮が必要であったのだ。

パイロットが下船した後は、深夜の船橋には船長と当直の三等航海士、そして当直の操舵手が残された。この場合、船長は経験の浅い三等航海士を指導するためにも、この先の危険が予測される流氷を避けるために、操船を指揮する責任があったのである。しかし、船長は

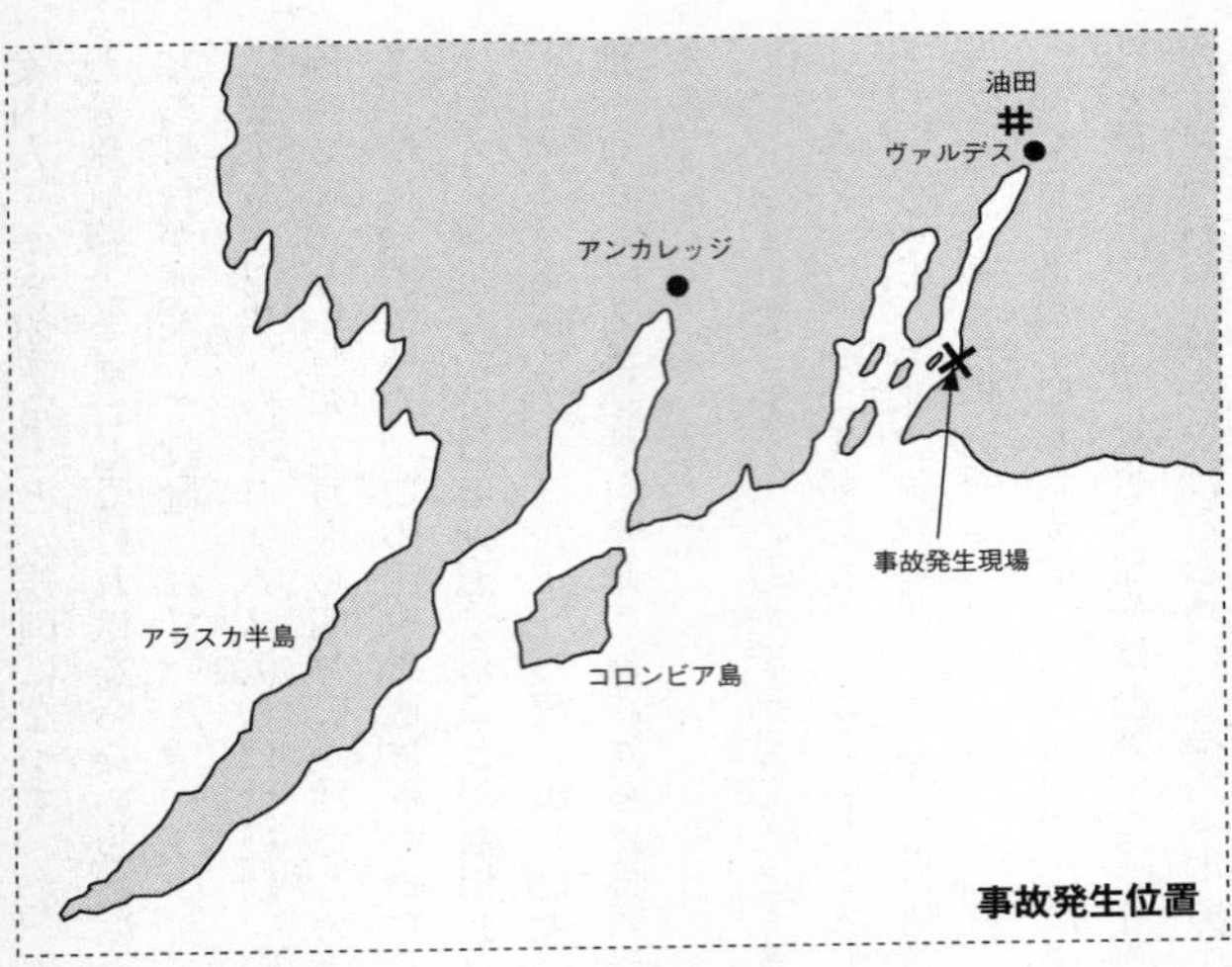

流氷を避ける手段を三等航海士に口頭で簡単に説明し、彼は自室（船長室）にもどってしまったのだ。自室に帰った理由は早く「一杯」にありつき、緊張をほぐすためであったとされる（後の海難審判で明らかとなった）。

結局、経験未熟の三等航海士がその後とった行動が事態を暗転させてしまったのだ。大量の原油を積み込んだ超大型の油槽船の操船は、極めて高度な熟練を要するものである。操船を任された三等航海士は、船長の指示に対し多少の不安を感じ、独自の判断で、より安全に難所を通過させようと、船長の指示した時間よりも余裕をもって操舵手に指揮したのであった。しかしそれは大きな誤算であった。

船を流氷にぶつけないようにより多くの

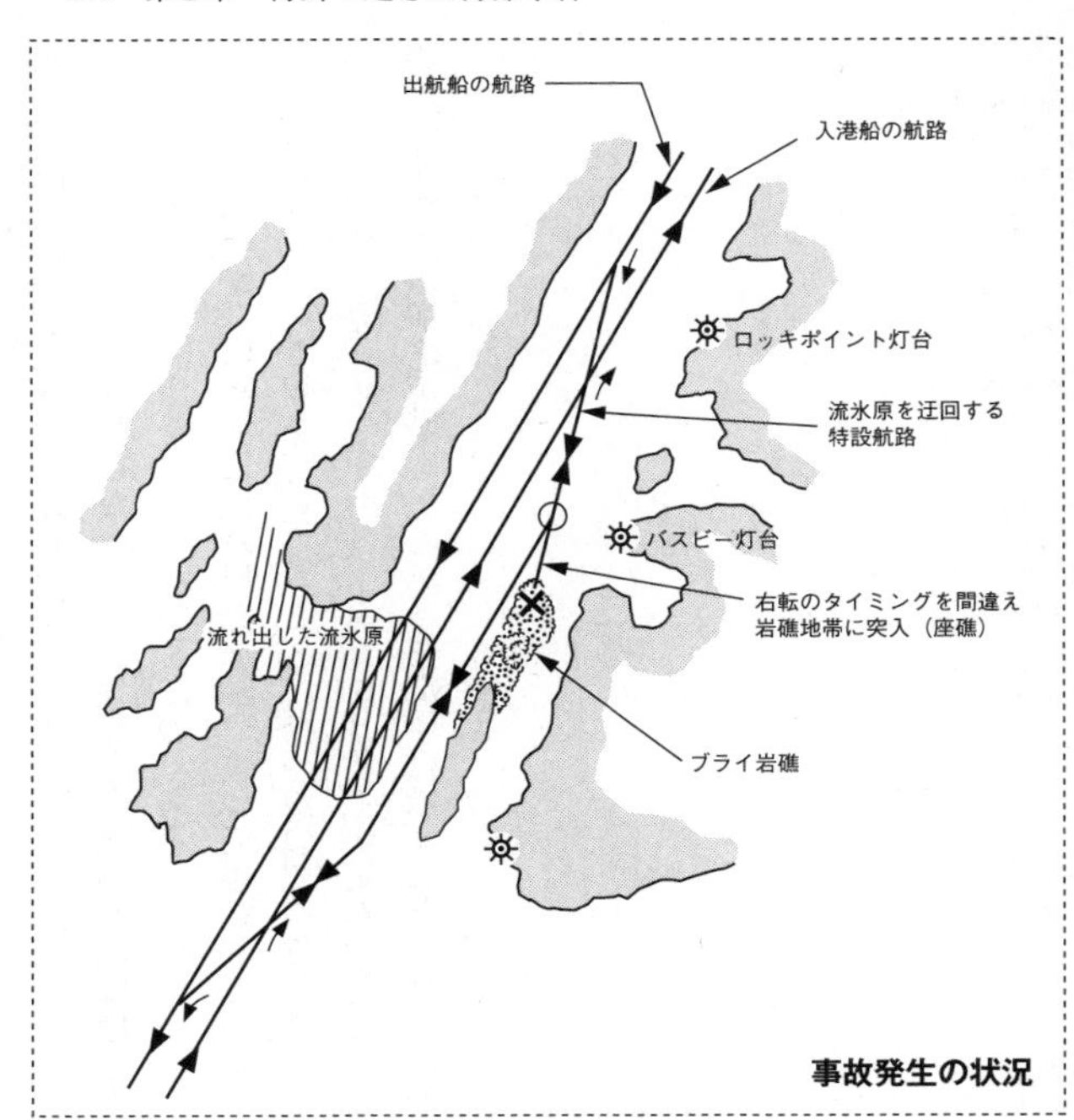

余裕をもって流氷原の先端を通過しようとしたのである。しかしその余裕の時間差が危険とされていた岩礁にぶつけてしまったのだ。船体は岩礁に乗り上げた状態で少しも動くことができなくなったのだ。座礁のすべての責任は当直の三等航海士の指導・指揮を放棄した船長にあった。

岩礁に船底をぶつけたエクソン・ヴァルデズは、船底が大きく損傷し、積み荷の大量の原油が流れ出したのだ。流れ出した原油は四万二〇〇〇トンに達した。

海上は翌日から大時化となった。流失した大量の原油は岸近くを流れる海流に乗り、アラスカ南部の広大な海岸を一気に汚染したのである。アラスカ州の主要財源でもある膨大な量の各種海産物が、広範囲に流れ出た原油によって壊滅したのだ。その経済的な損害は以後数年にわたりアラスカ州を苦しめることになったのである。さらに沿岸に生息していた数多くのラッコ、アシカ、オットセイ、海鳥など多くが死んでしまった。この事故は現代の新しい姿の海難である海洋汚染の恐ろしさを世界に示すことになったのである。

26 水産実習船「えひめ丸」の沈没

何の前触れもなく直下の海から潜水艦が浮上

二〇〇一年（平成十三年）二月十日、宇和島水産高等学校所属の練習船「えひめ丸」が、ハワイ・オアフ島沖の海上で想定外の事故で沈没、乗船していた生徒と乗組員合わせて九名が犠牲となった。

事故は穏やかな海の上で起きた。たまたま付近の海中を潜航中であった米海軍の潜水艦が突然浮上し、直上の海面を航行中だった日本の練習船「えひめ丸」の船底に衝突、「えひめ丸」は転覆・沈没するという前代未聞の出来事であった。これはそれまでの海難が海面という平面で生じたものであるのに対し、立体的な構図の中でも起こり得るという教訓でもあった。

事故はハワイのオアフ島のダイヤモンドヘッドの南一七キロの洋上で起きた。二〇〇一年二月十日の午前八時四十三分（日本時間）、愛媛県宇和島市の宇和島水産高等学校の練習船「えひめ丸」が水産科の生徒を乗せて漁場調査の実習を行なっていた。船は微速で航行していた。

えひめ丸

米潜水艦グリーンビル〈US・NAVY〉

このとき、アメリカ海軍の原子力潜水艦グリーンビル（GREENEVILLE）が接待客を乗せた体験航海を行なっていた。そして同艦は見学者に急速浮上の動きを体験してもらうために、潜水航行中の同艦を急速浮上させたのだ。潜水艦の急速浮上は極めて急激なもので、急速浮上した潜水艦の艦首は海面から飛び出すような姿勢で姿を現わすのである。

極めて偶然なことであるが、グリーンビルが浮上した海面には「えひめ丸」が微速で航行中だったのである。グリーンビルはまるで下から突き上げるような姿勢で小型（総トン数四九九トン）の「えひめ丸」に衝突、その勢いで本船は持ち上げられ転覆し、六〇〇メートルの海底に沈んでしまったのだ。

「えひめ丸」には乗組員と教師、および生徒合計三五名が乗船していた。このとき彼らの多くは甲板上で作業中であったが、衝突の衝撃で二六名が海面に投げだされたが、船内にいた教員と乗組員五名、そして生徒四名が脱出できず行方不明となったのである。

浮上したグリーンビルの乗組員はただちに「えひめ丸」乗船者の救助にあたった。予期せぬ前代未聞の事故であるだけに、救助された「えひめ丸」の乗船者は精神的に大きなダメージを受けることになったのである。

この事故の起きる前に、グリーンビルでは体験として見学者を潜水艦の操縦席に座らせ、乗組員の指導の下に急浮上の操作を行なわせていたのである。その後の調査の段階で、急浮上操作を実施する前に航海担当者は、ソナーで付近の海面に船が存在していることを承知し

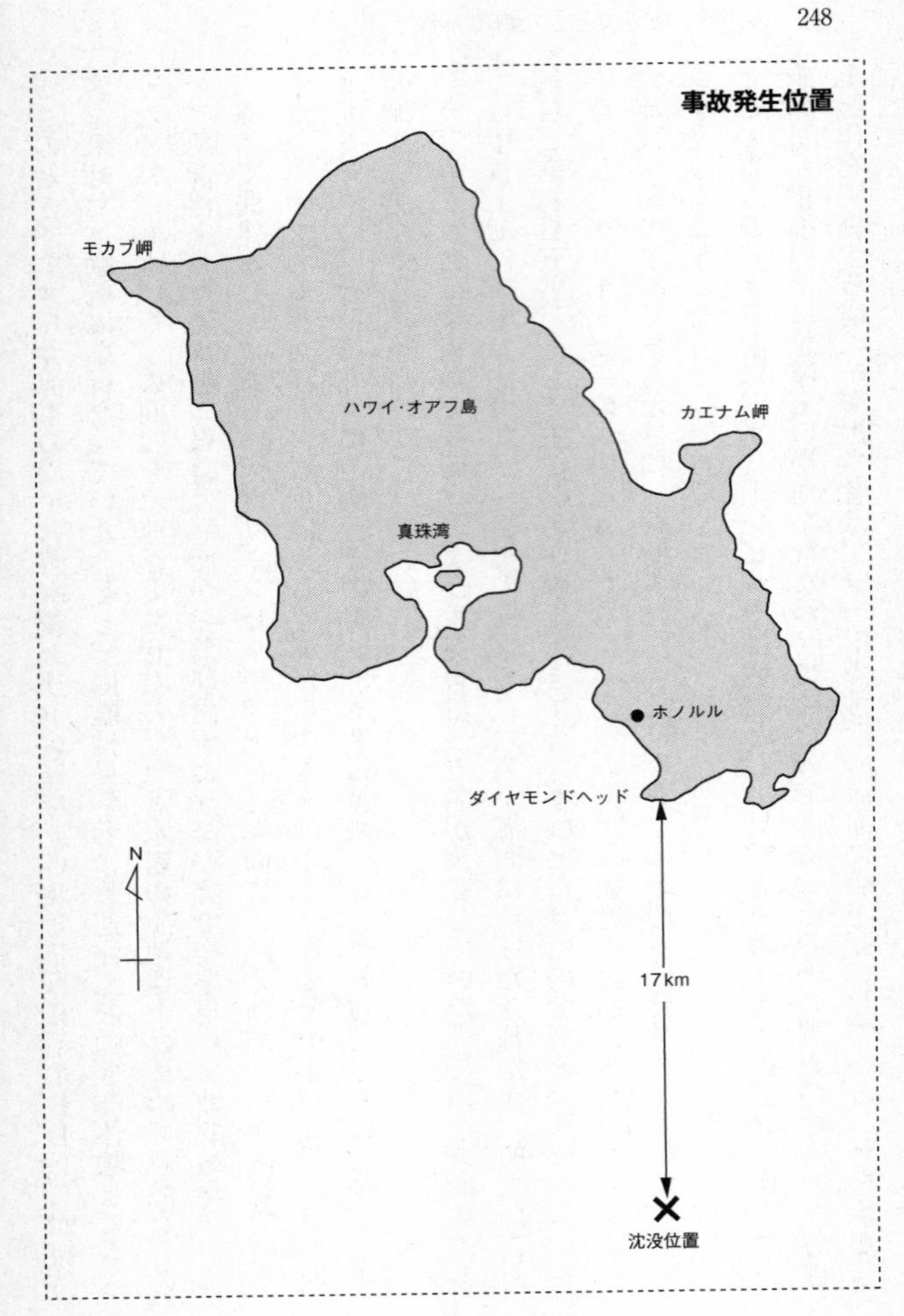
事故発生位置
モカブ岬
ハワイ・オアフ島
カエナム岬
真珠湾
ホノルル
ダイヤモンドヘッド
N
17km
沈没位置

ていたのだが、見学者（一六名）の対応に追われ、そのまま急浮上の操作を行なったとの証言があった。

この事故はアメリカ海軍側の完全なミスから起きた海難事故であった。事故の責任者であるグリーンビル艦長は、その後軍法会議が開かれることはなく名誉除隊している。

衝突事故から九ヵ月後、深海に沈んだ「えひめ丸」は浅海まで引き揚げられ、船内の行方不明者の遺体が収容されている。そして回収と調査が終了した後、「えひめ丸」の船体は再びハワイの深海に沈められたのである。

あとがきに代えて

時代の進化とともに船は急速に発展をとげたが、大自然の脅威の前には人間の力はとうていおよばない。それを如実に示すのが海洋における船の遭難である。

船の遭難は「海難」として、すべてが一括りにされてしまうが、海難が生じる様々な原因を人はなかなか克服できないでいる。この克服できない原因をつきとめ解決するために現在でも多くの努力がつぎ込まれているのである。

海難には未知の事象を探求したいとする不思議な魅惑がある。そして、まだまだ多種多様の海難が存在し、個々それぞれに調べていただくことも一興ではあると思う。

本書では広く世に知られていない様々な海難事件を紹介したが、中に数例であるが以前に弊著で記述したものも含まれている。これは海難とは「不可解、不条理」の中で生まれる好例としてあえて取り上げたもので、ご了解願いたく思うのであります。

NF文庫書き下ろし作品

NF文庫

知られざる世界の海難事件

二〇二二年十二月十八日　第一刷発行

著　者　大内建二

発行者　皆川豪志

発行所　株式会社　潮書房光人新社

〒100-8077　東京都千代田区大手町一-七-二

電話／〇三-六二八一-九八九一(代)

印刷・製本　凸版印刷株式会社

定価はカバーに表示してあります
乱丁・落丁のものはお取りかえ
致します。本文は中性紙を使用

ISBN978-4-7698-3289-8　C0195

http://www.kojinsha.co.jp

NF文庫

刊行のことば

第二次世界大戦の戦火が熄（や）んで五〇年——その間、小社は夥しい数の戦争の記録を渉猟し、発掘し、常に公正なる立場を貫いて書誌とし、大方の絶讃を博して今日に及ぶが、その源は、散華された世代への熱き思い入れであり、同時に、その記録を誌して平和の礎とし、後世に伝えんとするにある。

小社の出版物は、戦記、伝記、文学、エッセイ、写真集、その他、すでに一、〇〇〇点を越え、加えて戦後五〇年になんなんとするを契機として、「光人社NF（ノンフィクション）文庫」を創刊して、読者諸賢の熱烈要望におこたえする次第である。人生のバイブルとして、心弱きときの活性の糧（かて）として、散華の世代からの感動の肉声に、あなたもぜひ、耳を傾けて下さい。

＊潮書房光人新社が贈る勇気と感動を伝える人生のバイブル＊

ＮＦ文庫

写真 太平洋戦争 全10巻 〈全巻完結〉
「丸」編集部編

日米の戦闘を綴る激動の写真昭和史——雑誌「丸」が四十数年にわたって収集した極秘フィルムで構築した太平洋戦争の全記録。

知られざる世界の海難事件
大内建二

世界に数多く存在する一般には知られていない、あるいはすでに忘れ去られた海難事件について商船を中心に図面・写真で紹介。

「月光」夜戦の闘い 横須賀航空隊vsＢ－29
黒鳥四朗 著
渡辺洋二 編

昭和二十年五月二十五日夜首都上空…夜戦「月光」が単機、Ｂ－29を五機撃墜。空前絶後の戦果をあげた若き搭乗員の戦いを描く。

英霊の絶叫 玉砕島アンガウル戦記
舩坂 弘

二十倍にも上る圧倒的な米軍との戦いを描き、南海の孤島に斃れた千百余名の戦友たちの声なき叫びを伝えるノンフィクション。

日本陸軍の火砲 高射砲 日本の陸戦兵器徹底研究
佐山二郎

大正元年の高角三七ミリ砲から、太平洋戦争末期、本土の空を守った五式一五センチ高射砲まで日本陸軍の高射砲発達史を綴る。

戦場における成功作戦の研究
三野正洋

戦いの場において、さまざまな状況から生み出され、勝利に導いた思いもよらぬ戦術や大胆に運用された兵器を紹介、解説する。

＊潮書房光人新社が贈る勇気と感動を伝える人生のバイブル＊

NF文庫

大空のサムライ 正・続
坂井三郎
出撃すること二百余回——みごと己れ自身に勝ち抜いた日本のエース・坂井が描き上げた零戦と空戦に青春を賭けた強者の記録。

紫電改の六機 若き撃墜王と列機の生涯
碇　義朗
本土防空の尖兵となって散った若者たちを描いたベストセラー。新鋭機を駆って戦い抜いた三四三空の六人の空の男たちの物語。

連合艦隊の栄光 太平洋海戦史
伊藤正徳
第一級ジャーナリストが晩年八年間の歳月を費やし、残り火の全てを燃焼させて執筆した白眉の〝伊藤戦史〟の掉尾を飾る感動作。

英霊の絶叫 玉砕島アンガウル戦記
舩坂　弘
全員決死隊となり、玉砕の覚悟をもって本島を死守せよ——周囲わずか四キロの島に展開された壮絶なる戦い。序・三島由紀夫。

『雪風ハ沈マズ』 強運駆逐艦 栄光の生涯
豊田　穣
直木賞作家が描く迫真の海戦記！　艦長と乗員が織りなす絶対の信頼と苦難に耐え抜いて勝ち続けた不沈艦の奇蹟の戦いを綴る。

沖縄 日米最後の戦闘
米国陸軍省編
外間正四郎訳
悲劇の戦場、90日間の戦いのすべて——米国陸軍省が内外の資料を網羅して築きあげた沖縄戦史の決定版。図版・写真多数収載。